普通高等教育计算机系列规划教材

C/C++程序设计

（面向过程）

黄文钧 主 编

谢宁新 刘美玲 梁 艺 副主编

U0254318

电子工业出版社

Publishing House of Electronics Industry

北京·BEIJING

内 容 简 介

C/C++语言是一种通用的程序设计高级语言，C++兼容了 C，并将 C 作为自己的前半部分——"面向过程程序设计"部分，后半部分是"面向对象程序设计"部分，本书将前半部分分离出来，单独成册，作为"C 语言程序设计"或"C++面向过程程序设计"的教材。

本书共 8 章，内容包括第 1 章描述 C++程序设计语言的发展、C++应用程序的开发过程等；第 2 章介绍 C++处理的数据类型、C++使用的运算符号以及表达式格式；第 3 章主要介绍 C++结构化程序设计的三种结构：顺序结构、选择结构、循环结构；第 4 章～第 6 章分别介绍函数、数组和指针；第 7 章介绍结构体和共用体；第 8 章介绍文件的输入与输出。本书最后有附录，列出 C/C++常用字符表、ASCII 码表、运算符优先级表等。

本书可作为理工科大学计算机类专业、信息类相关专业的本科教材或专科教材；也很适合初学者自学。

图书在版编目（CIP）数据

C/C++程序设计：面向过程 / 黄文钧主编. —北京：电子工业出版社，2016.7

普通高等教育计算机系列规划教材

ISBN 978-7-121-29338-2

Ⅰ. ①C… Ⅱ. ①黄… Ⅲ. ①C 语言－程序设计－高等学校－教材 Ⅳ. ①TP312

中国版本图书馆 CIP 数据核字（2016）第 156135 号

策划编辑：徐建军（xujj@phei.com.cn）

责任编辑：徐建军　　特约编辑：方红琴　俞凌娣

印　　刷：三河市良远印务有限公司

装　　订：三河市良远印务有限公司

出版发行：电子工业出版社

　　　　　北京市海淀区万寿路 173 信箱　邮编　100036

开　　本：787×1 092　1/16　印张：12.5　字数：320 千字

版　　次：2016 年 7 月第 1 版

印　　次：2016 年 7 月第 1 次印刷

印　　数：3 000 册　　定价：29.00 元

前言
Preface

C/C++语言是一种通用的程序设计高级语言，内容丰富，功能强大，十分流行。C++兼容了C，并将C作为自己的前半部分——"面向过程程序设计"部分，后半部分是"面向对象程序设计"部分，C++将这两部分内容有机联系在一起，成为完整体系。由于"面向过程程序设计"部分就是完整的C内容，可以独立成册。

本书是为"C语言程序设计"和"C++面向过程程序设计"课程编写的教材，其内容选取符合教学大纲要求，同时兼顾了学科的广度和深度，适用面广。

本书主要面向高校各专业大学生，考虑到教师教学和学生自习或自学的便利，本书的内容按知识延伸和逻辑顺序进行编排，本书的每一章都附有足量的例题和习题。

本书列出的程序或例题是面向教学的，是为了帮助读者更好地理解和掌握相关概念而专门设计的，并不一定就是实际应用的程序。而一些用于实际应用的程序，往往篇幅过长，不一定适合教学。作为教学的程序，基本上对问题做了简化，尽量压缩不必要的语句，可能有些程序在专业人士看来很"幼稚"，但对于学习者而言可能就是很好的教学程序。

由于C/C++语法复杂，内容多，如果读者对它缺乏系统的了解，将难以正确应用，编写出来的程序将会错误百出，计算机编译出错，自己检查多遍仍然发现不了错误之处，事倍功半。因此，在校大学生在教师的指导下学习本书，要切实记住C/C++的语法、规则、关键字及其意义和属性、运算符及其意义和属性等基本知识，充分理解基本概念，清楚辨别相似概念的差别，初步掌握程序设计方法，能够利用C/C++编写相对简单的程序，解决一些简单问题，为以后进一步学习和应用打下坚实基础。在校大学生课后要多复习，多研读例题，对其中的各知识点要有充分的认识。此外，还要多做习题，在计算机上检验，加深自己对知识的理解。在充分理解和掌握了本书的基本知识和基本方法之后，再结合其他知识，例如"数据结构"和"计算机算法设计与分析"，可以尝试编写稍微复杂的程序，解决稍微复杂的问题。

本书由广西民族大学信息科学与工程学院的教师精心组织策划，由黄文钧担任主编，由谢宁新、刘美玲、梁艺担任副主编，参加本书编写的还有周永权、何建强、张超群、韦艳艳、汤卫东、李熹、张纲强、李香林、文勇、廖玉奎、朱健、黄帆、林国勇。在本书编写的过程中得到了学院领导的大力支持，在此一并表示感谢！

为了方便教师教学，本书配有电子教学课件，请有此需要的教师登录华信教育资源网（www.hxedu.com.cn）注册后免费进行下载，有问题时可在网站留言板留言或与电子工业出版社联系（E-mail: hxedu@phei.com.cn）。

由于编者水平有限，加之时间仓促，书中难免有疏漏之处，敬请广大读者批评指正。

编　者

目 录
Contents

第1章

概述

本章学习目标

➢ 了解程序设计语言的发展历程。
➢ 了解 C++ 语言的发展历程和特点。
➢ 了解 C++ 程序的结构。
➢ 熟悉 C++ 程序的开发过程。

1.1 程序设计语言的发展

语言是由词汇按照一定的语法规则构成的一个符号系统。语言是人类进行思维和传递信息的工具，通过语言，人们可以交流思想。程序设计语言（Programming Language）是人与计算机交流的工具，是人们为描述问题的解决过程而设计的一种具有语法语义描述的记号，它是由词汇、词法和语法规则构成的符号系统。程序设计者使用计算机可以识别的程序设计语言来描述解决问题的步骤和方法，以命令计算机完成各项工作。

计算机系统包括硬件和软件两大部分。硬件是构成计算机的所有实体部件的集合。软件包括程序、数据及其有关的文档资料。计算机要正常工作，除了构成计算机各个组成部分的物理部件之外，还必须要有指挥计算机"做什么"和"怎么做"的程序，程序控制着计算机的工作。程序是指令的集合。而指令是指示计算机执行某种操作的命令，计算机可以识别的指令是由 0 和 1 组成的一串代码。

从世界上第一台电子计算机诞生至今，程序设计语言随着计算机技术的进步而不断发展，大致经历了三代，它们分别是机器语言时代、汇编语言时代和高级语言时代。程序设计语言按照语言级别可以分为低级语言和高级语言，其中，低级语言有机器语言和汇编语言。

1.1.1 机器语言

计算机刚诞生时，程序设计者使用的程序设计语言是机器语言。机器语言是由计算机硬件系统可以识别的二进制指令组成的语言。机器语言所有指令的记号都采用符号 0 和 1 的编码组成。例如，计算 3+5 的机器语言程序如下。

```
10110000   00000011        //将 3 送往累加器
00000100   00000101        //将 5 与累加器中的 3 相加，结果保留在累加器中
```

机器语言指令是计算机可以直接识别的指令，因此执行效率高，但是用机器语言编写程序非常困难、费时费力、编程效率低、易出差错。另外，不同计算机的机器语言是不相同的，因此，用机器语言编写的程序在不同的计算机上不能通用，程序的可移植性差。这样，当要把一个程序在另外类型的计算机系统上运行时，就需要重新编写程序代码。

1.1.2 汇编语言

机器语言晦涩难懂，不易于学习与使用。因此，为了克服机器语言的缺点，人们使用能反映指令功能的助记符来表示机器语言中的指令，称之为汇编语言。

例如，计算 3+5 的汇编语言程序如下。

```
MOV AL,03H        //将十六进制数 3 送往累加器
ADD AL,05H        //将十六进制数 5 与累加器中的 3 相加，结果保留在累加器中
```

显然，和使用机器语言编写程序比较，使用汇编语言编写程序要容易许多。当然，计算机不能直接理解和执行用汇编语言编写的程序，需要进行转换。汇编语言和机器语言基本上是一一对应的。也就是说，对大多数汇编语言中的指令来说，在机器语言中都存在一条功能相同的机器指令。因为汇编语言的指令和机器语言的机器指令存在对应关系，所以这样的转换并不困难。汇编程序就是完成这种转换工作的一种专门的程序。汇编程序是把用汇编语言编写的程序翻译为等价的机器语言程序的一种程序。

1.1.3 高级语言

机器语言和汇编语言是面向机器的语言，随机器而异，不同计算机系统的机器指令与汇编指令不同。为了克服这种缺点，人们开始研究新的程序设计语言。20 世纪 50 年代中期，世界上第一种高级语言——FORTRAN 语言诞生了，它主要用于科学和工程计算，它标志着高级语言的到来。随着计算机及其应用的发展，先后出现了多种高级语言，如 ALGOL、COBOL、BASIC、Pascal、C 等。

高级语言不再面向具体机器，而是面向解题过程，人们可以用接近自然语言和数学语言对操作过程进行描述，高级语言的表示方法比低级语言更接近于待解决问题的表示方法。高级语言的诞生使程序员不必熟悉计算机内部具体构造和熟记机器指令，而把主要精力放在算法描述上面即可。因此，和汇编语言相比，高级语言的抽象度高，易学、易用、易维护，在一定程度上与具体机器无关，求解问题的方法描述直观。

例如，计算 3+5 的 C++语言程序如下。

```
int sum;                      //定义整型变量 sum
sum=3+5;                      //将 3 与 5 的和赋值给 sum
cout<<"3+5="<<sum<<endl;      //输出 3+5=8
```

按照描述问题的方式进行分类,高级语言可以分为面向过程的语言和面向对象的语言,FORTRAN、ALGOL 、COBOL、BASIC、Pascal、C 等都属于面向过程的语言。程序设计是把现实世界中的问题抽象后利用计算机语言转化到机器能够理解的层次,并最终利用机器来寻求问题的解。面向过程的程序设计思想是用计算机能够理解的逻辑来描述和表达待解决的问题及其具体的解决过程,它关注的是解决问题的算法。数据结构与算法是面向过程问题求解的核心,它将问题域中要处理的对象具有的属性与对属性操作的方法分离。因此,面向过程的程序设计语言在描述包含多个相互关联过程的大型系统时非常复杂、困难。

面向对象的程序设计语言把现实世界中的事物称作对象,每个对象由一组属性和一组行为组成,并将同一类对象的共同属性和行为抽象成类。例如,"学生"这个类别的对象的属性就有学号、姓名、年龄、性别等,"学生"这个类别的对象的行为就有注册、登记考试成绩等。Smalltalk、C++、Java 等都属于面向对象语言。面向对象语言是目前最为流行的程序设计语言。

1.2 C++语言的发展

20 世纪 60 年代,剑桥大学的 Martin Richards 开发了 BCPL 语言。1970 年,美国贝尔实验室的 Ken Thompson 对 BCPL 语言进行了改进,开发了 B 语言。1972 年,美国贝尔实验室的 Dennis Ritchie 和 Brian Kernighan 在 B 语言的基础上,设计出了 C 语言。它不是为初学者设计的,而是为计算机专业人员设计的。最初,C 语言是写 UNIX 操作系统的一种工具,在贝尔实验室内部使用。后来 C 语言不断改进,人们发现它简洁、使用灵活方便、可移植性好、功能强大,它既具有高级语言的特点,又具有汇编语言的特点,后来大多数系统软件和许多应用软件都用 C 语言编写。C 语言的出现是程序设计语言的一个重要里程碑。

C 语言具有如下优点。

(1)语言简洁紧凑,使用灵活方便。C 语言有 32 个关键字和 9 种控制语句,程序书写形式自由。

(2)运算符丰富。C 语言有 34 种运算符,运用这些运算符可以构成简洁而功能强大的表达式。

(3)数据结构类型丰富。C 语言具有基本数据类型——整型、实型和字符型;构造类型——数组、结构体、共用体等。另外,C 语言还提供了指针,有助于构造链表、树、栈、图等复杂数据结构。

(4)生成的目标代码质量高,程序执行效率高。

(5)可移植性好。用 C 语言编写的程序可移植性好,在一个环境下运行的程序不加修改或少许修改就可以在完全不同的环境下运行,提高程序的开发效率。

然而,随着软件规模的不断扩大,用 C 语言编写程序渐渐显得有些吃力了。C 语言是结构化的语言,当问题比较复杂、程序模块关联度大时,用结构化的程序设计语言编写程序就显得比较困难。

为了解决软件危机问题,人们迫切地需要发展新的程序设计方法,20 世纪 80 年代出现了面向对象的程序设计思想与方法。1980 年，美国贝尔实验室的 Bjarne Stroustrup 等人对 C 语言进行了改进和扩充，并引入了类的概念，把新的语言称为"带类的 C"。1983 年，由 Rich Maseitti 提议正式命名为 C++。C++保留了 C 语言原有的所有优点，增加了面向对象的机制。

C++是由 C 语言发展而来的，C++是 C 语言的超集，与 C 语言兼容。用 C 语言编写的程序略加修改或不加修改就可以在 C++的编译系统下运行或调试。C++既可用于面向过程的结构化程序设计，又可用于面向对象的程序设计，是一种功能强大的混合型程序设计语言。

面向对象程序设计是针对开发较大规模程序而提出来的，目的是提高软件开发的效率。不要把面向对象和面向过程对立起来，面向对象和面向过程不是矛盾的，而是各有用途、互为补充的。学习 C++，既要会利用 C++进行面向过程的结构化程序设计，也要会利用 C++进行面向对象的程序设计。本书介绍 C++在面向过程程序设计中的应用，C++面向对象程序设计的内容在另一册书中介绍。

1.3　程序设计

根据要解决问题的工作步骤，使用某种程序设计语言描述出来称为程序设计。程序设计一般分为两个过程：对数据进行描述和对数据进行处理。

1. 数据描述

数据描述是指把被处理的信息描述成计算机可以接受的数据形式。例如，把被处理的信息描述成整数、实数、字符串等；也可以把被处理的信息描述成图形、声音等。

2. 数据处理

数据处理是指对数据进行输入、输出、整理、计算、存储、维护等一系列的活动。数据处理的过程要用某一种程序设计语言描述出来，即编写程序实现问题的求解。

使用程序设计语言解决问题的基本步骤如下。

（1）分析问题。

（2）确定计算或处理方法。

（3）描述算法：把求解问题的操作步骤描述出来。

（4）编写、编译、连接、执行和调试程序。

1.4　C++程序简介

1.4.1　C++程序举例

【例 1.1】　在屏幕上显示一行文字。

```
/*  文件名：eg1_1.cpp
程序功能：在屏幕上显示一行文字
*/
#include <iostream>                            //包含头文件 iostream
using namespace std;                           //使用命名空间（也称名称空间）
int main( )                                    //主函数首部
```

```
{                                            //函数体开始
     cout << "Hello world!\n";               //输出 Hello world!
      return 0;                               //向操作系统返回数值 0
}                                             //主函数定义结束
```

程序运行后会在屏幕上输出一行字符：

Hello world!

这个程序由注释语句、预处理命令和主函数构成。

（1）注释语句。

为了增加程序的可读性，一个好的程序可以在源程序中加上必要的注释，对程序进行注解和说明。在 C++程序的任何位置都可以加上注释信息。C++的注释有两种类型：一种是行注释；另一种是块注释。其中，行注释以//开头，从//开始到本行末尾的所有内容都是注释，不能跨行，形如：

//注释内容

块注释以/*开始，以*/结束，/*和*/之间的所有内容都是注释，可以跨越多行，形如：

/* 注释内容 */

因此，一般习惯是：内容较少的简单注释常用"//"，内容较长的常用"/*……*/"。

（2）预处理命令。

以"#"开头的行称为预处理命令。由于程序中要用到输入输出流，所以要包含文件 iostream，这个文件包含了与程序输入和输出操作有关的信息。由于这类文件在程序预编译阶段被嵌入在程序的开始处，所以称之为头文件。cout 是 C++系统预定义的输出流对象，它和插入运算符"<<"结合使用，作用是将输出流对象 cout 中的内容输出到指定的输出设备（一般为显示器）。在这个程序中，cout 的作用是将插入运算符 "<<"右边的字符串输出到屏幕上。'\n'是一个转义字符，它的作用是换行。

（3）命名空间。

ANSI（American National Standards Institute，美国国家标准协会）和 ISO（International Standards Organization，国际标准化组织）于 1998 年联合制定了 C++语言的标准，以下称为标准 C++。命名空间是标准 C++为了解决程序中的全局标识符、编译器系统库中的标识符与第三方类及函数库中的标识符之间的同名冲突而采用的一种机制。

标准化之前的头文件是带后缀名的文件，使用 C 语言的传统方法。标准化之前包含头文件的方法如下：

```
#include <iostream.h>                         //头文件带后缀名.h
```
标准化之后的头文件是不带后缀名的文件，包含头文件的新方法如下：

```
#include <iostream>                            //头文件不带后缀名.h
using namespace std;                           //使用命名空间 std
```

其中，std 是标准 C++定义的命名空间，C++标准库中所有类、对象与函数等都定义在该命名空间中。

说明：标准 C++规定用户使用新版头文件，但一些编译器（如 Visual C++ 6.0）依然支持包含头文件的旧方法，以向下兼容。而另一些编译器（如 Visual Studio 2008）则遵循 ANSI C++的标准，因此需要使用新方法。本书的程序均遵循 C++的标准。

另外，为了和 C 语言兼容，C++标准化过程中，原有 C 语言头文件标准化后，头文件名前带个 c 字母，如 cstdio、cmath、cstdlib、cstring 等。传统方法与新方法的对比如下：

C 传统方法	C++新方法
#include <stdio.h>	#include <cstdio>
#include <math.h>	#include <cmath>
#include <stdlib.h>	#include <cstdlib>
#include <string.h>	#include <cstring>
	using namespace std;

（4）主函数 main( )。

main 是主函数的名字，由小写字母构成。注意，在 C++中，字母是区分大小写的。一个 C++程序可以由一个或多个函数组成，但必须有且只能有一个主函数，它是程序执行的入口，不管主函数在整个程序中的位置如何，都会从主函数开始执行。main 前面的 int 的作用是将 main( )函数的返回值类型声明为整型。

函数体用一对大括号括起来，以"{"开始，以"}"结束。每个函数都可以由若干语句组成，每条语句都以"；"结束。

注意：C++标准规定，main 函数的首部应该写成 int main( )，表示 main 函数的返回值为整型，如果返回值为 0，则表示程序正常结束，否则表示程序异常结束。C++标准虽然不允许定义 void main( )，但是在一些编译器中（如 VC++ 6.0）可以通过编译，然而并非所有编译器都支持 void main( )。例如，在 GCC 3.2 编译器中，如果 main 函数的返回值不是 int 类型，则无法通过编译。所以，建议写成 int main( )。

【例 1.2】 从键盘输入两个整数，求这两个整数的和。

```
#include <iostream>              //包含头文件 iostream
using namespace std;            //使用命名空间（也称名称空间）
int main( )                     //主函数首部
{                               //函数体开始
    int a,b,sum;                //定义 3 个整型变量 a，b，sum
    cout<< "请输入两个整数：";   //输出语句
    cin>>a>>b;                  //输入语句，从键盘获取两个整数
    sum=a+b;                    //赋值语句，将 a、b 的和赋值给 sum
    cout<<"a+b="<<sum<<endl;    //输出语句
    return 0;                   //程序正常结束，向操作系统返回 0
}
```

main 函数的第一行定义了 3 个整型变量。在 C++中，变量要先定义再使用。定义变量后，系统为这些变量分配内存空间，用于存储变量的值。cin 是 C++系统预定义的输入流对象，它与提取运算符 ">>" 结合使用，作用是从输入设备（如键盘）提取数据送到指定的变量中。"sum=a+b;"是一条赋值语句，其作用是将 a 与 b 的和赋给变量 sum。函数体的第 5 行是先输出字符串"a+b="，再输出变量 sum 的值。endl 是输出操纵符，具有换行作用。

程序运行结果如下。

```
请输入两个整数：5  7↙
a+b=12
```

注意：输入数据时，数据间用空格或回车分隔，输入完毕按回车键确认。

【例1.3】 从键盘输入两个整数，利用独立的函数求这两个数中的大者。

```cpp
#include <iostream>                          //包含头文件 iostream
using namespace std;                         //使用命名空间
int main( )                                  //主函数
{
    int max(int x,int y);                    //函数声明
    int a,b,m;                               //变量声明
    cout<< "请输入两个整数：";
    cin>>a>>b;
    m=max(a,b);                              //调用 max 函数，将得到的值赋给 m
    cout<<"max="<<m<< '\n ';                 //输出大数 m 的值
    return 0;
}
/*
定义 max 函数，函数返回值为整型，形式参数 x 和 y 为整型
*/
int max(int x,int y)
{                                            //max 函数体开始
    int z;
    if(x>y) z=x;                             //if 语句，如果 x>y，则将 x 的值赋给 z
    else z=y;                                //否则，将 y 的值赋给 z
    return(z);                               //将 z 的值返回，通过 max 带回调用处
}
```

该程序由 main( )和 max( )两个函数组成。程序从 main( )开始执行，在 m=max(a,b);行程序转向执行函数 max( )，函数 max( )接收两个整型参数，求出这两个整数中的大者并通过 return 语句返回结果值。

main 函数是一个特殊的函数，它是程序的入口。操作系统通过调用它开始执行程序。其他函数是在程序的运行过程中，由 main 函数或另外一些函数调用。程序按照源代码中的次序逐行执行，直到调用一个函数，此时程序转向执行被调用函数。当函数调用结束后，它把控制权交给函数调用语句的下一条语句。关于函数的概念与用法将在第 4 章详细介绍。

程序运行结果如下：

```
请输入两个整数：23 56↙
max=56
```

【例1.4】 编写包含类的 C++程序，用于计算矩形的面积。

```cpp
#include <iostream>                          //包含头文件 iostream
using namespace std;                         //使用命名空间
class Rectangle                              //声明矩形类
{   private:
        int width,height;                    //数据成员
    public:
        void setWidth(int w)                 //成员函数
        {    width=w;    }
        void setHeight(int h)                //成员函数
```

```
            {     height=h;   }
            int area( )                                    //成员函数
            {       return width*height;        }
}; //类定义结束
Rectangle rect;                                            //定义矩形对象 rect
int main( )
{
    rect.setWidth(10);                                     //调用对象 rect 的成员函数设定矩形的宽
    rect.setHeight(6);                                     //调用对象 rect 的成员函数设定矩形的高
    int s=rect.area( );                                    //通过对象 rect 计算矩形面积
    cout<<"矩形的面积为："<<s<<endl;                       //输出矩形面积
    return 0;
}
```

程序运行结果：

矩形的面积为：60

这是一个包含类的 C++程序。在客观世界中，对象是具有某种属性和行为的事物。而在面向对象程序设计中，同类对象的共同属性与行为构成一个类，任何对象都属于某个类。一个类包含两种成员：数据成员和成员函数，其中，数据成员用于描述对象的属性，成员函数用于描述对象的行为。也就是说，一个类是由一组数据以及对其操作的函数组成的。

1.4.2　C++程序的结构

通过以上几个程序可以看出，一个 C++程序单位可以包括预处理命令、主函数、其他函数和类等，其结构如下。

```
#include < >                                //预处理命令，可以有多条预处理命令
#include < >
using namespace std;                        //使用命名空间
全局声明部分
函数定义
类定义
```

对 C++程序的结构说明如下。

（1）一个 C++程序可以由一个程序单位或多个程序单位构成。每一个程序单位为一个文件。在程序编译时，编译系统分别对各个文件进行编译，因此，一个文件是一个编译单元。上节介绍的几个例子都是比较简单的程序，都是只由一个程序单位（即一个文件）构成的。

（2）在一个程序单位中，可以包括以下几个部分。

① 预处理命令。#include 就是一个预处理命令，其作用是通知编译程序将指定的头文件包含到本程序中。头文件的内容一般包括类型声明、函数声明、全局变量定义、宏定义等，还可以包含其他头文件。上节 4 个程序中都包括#include 命令。

② 全局声明部分（在函数外的声明部分）。在这部分中包括对用户自己定义的数据类型的声明和程序中所用到变量的定义。例 1.4 中对矩形类 Rectangle 的声明以及对象 rect 的声明都属于全局声明部分。

③ 函数。函数是实现操作的部分，每个程序都可以包括一个或多个函数，其中必须有一

个而且只能有一个主函数 main( )，而且不论 main( )函数在整个程序中的位置如何，程序总是从 main( )函数开始执行。随着程序复杂度的增加，可以把程序划分成若干个函数，每个函数完成一个专门的任务。程序中的各个函数必须有不同的函数名，不能重名。

但是并不要求每一个程序单位都必须具有以上 3 个部分，可以缺少某些部分（包括函数）。

（3）一个函数由函数首部和函数体组成。

① 函数首部，即函数的第一行。包括函数类型、函数名、函数参数的类型与参数名。

例如，例 1.3 中的 max 函数的首部为

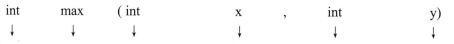

int	max	(int	x	,	int	y)
↓	↓	↓	↓		↓	↓
函数类型	函数名	函数参数类型	函数参数名		函数参数类型	函数参数名

其中，函数的参数可以没有，但是圆括号不能少。例如，int main( )。

② 函数体，由一对大括号{}之内的一系列语句组成。如果在一个函数中有多对大括号，则最外层的一对大括号{}为函数体的范围。

函数体一般包括以下两个部分。

● 局部声明部分（在函数内的声明部分）。包括对本函数中所用到的类型、函数的声明和变量的定义。例如，例 1.3 中 main 函数中的变量定义 "int a,b,m;" 和函数声明 "int max(int x, int y);"。

对数据的声明既可以放在函数之外（其作用范围是全局的），也可以放在函数内（其作用范围是局部的，只在本函数内有效）。这部分内容将在第 4 章介绍。

● 执行部分。由若干个执行语句组成，用来进行有关的操作，以实现函数的功能。

但是并不要求每个函数的函数体都必须包含以上两个部分，可以缺少某部分，甚至可以两部分都没有。例如，

```
void empty( ){   }
```

该函数的函数体是空的，什么也不做。

（4）语句包括两类。一类是声明语句，另一类是执行语句。C++对每一种语句赋予一种特定的功能。语句是实现操作的基本成分，显然，没有语句的函数是没有意义的。C++语句必须以分号结束。

（5）类是 C++新增加的重要的数据类型，在一个类中可以包括数据成员和成员函数。类可以实现面向对象程序设计方法中的封装、信息隐蔽、继承、派生、多态等功能。

（6）C++程序书写格式自由，一行内可以写几个语句，一个语句可以分写在多行上。

（7）为了增加程序的可读性，好的编码习惯是在源程序中加上必要的注释。

1.5 C++程序的开发过程

1.5.1 数据库相关概念

源程序：用源语言编写的，有待翻译的程序。源语言可以是汇编语言，也可以是高级语言。汇编语言源程序的扩展名一般为.asm，C++语言源程序的扩展名一般为.cpp，C 语言源程序的

扩展名一般为.c。

目标程序：源程序通过翻译程序加工以后所生成的程序。目标程序可以用机器语言表示，也可以用汇编语言或其他中间语言表示。目标程序的扩展名一般为.obj。

翻译程序：把源程序翻译成等价的目标程序的程序。

翻译程序有 3 种不同类型：汇编程序、编译程序、解释程序，如图 1-1 所示。

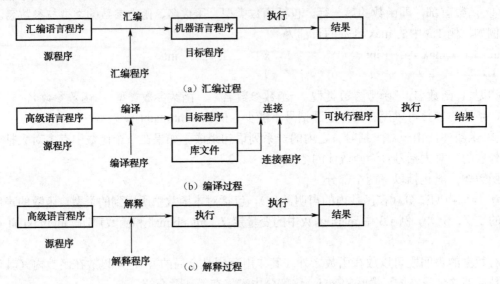

图 1-1　3 种翻译程序的翻译过程

汇编程序：它的任务是把用汇编语言编写的源程序翻译成机器语言形式的目标程序。

编译程序：若源程序是用高级程序设计语言所写，经翻译程序加工生成目标程序，那么，该翻译程序就称为"编译程序"。编译程序将源程序进行翻译时，通常生成用机器语言表示的目标程序。若目标程序用汇编语言表示，则还需要汇编程序的翻译。

解释程序：这也是一种翻译程序，同样是将高级语言源程序翻译成机器指令。它与编译程序的不同点就在于：它是边翻译边执行的，即输入一句、翻译一句、执行一句，直至将整个源程序翻译并执行完毕。

连接程序：将一个程序的所有目标程序以及系统的库文件连接在一起，生成一个可执行程序。可执行程序的扩展名一般为.exe，可以直接执行。

1.5.2　C++程序的开发过程

对于现实生活中的问题，要通过计算机进行解决，首要的步骤是要分析这些要解决的问题，设计正确的算法，并用合适的方法对其进行描述，接下来才是编程实现。C++程序的开发一般要经过编辑、编译、连接、运行这几个步骤，如图 1-2 所示。

C++程序的集成开发环境（IDE）集多种功能于一体，如源程序的编辑、编译、连接、运行及调试等功能。常用的 C++ IDE 有多种，如 Visual C++ 6.0、Turbo C++、C++ Builder、Visual Studio 2008 等，在这些集成开发环境中，通常使用一条命令就能完成所有的步骤，并且其中一些开发环境还提供对可视化程序设计的支持，并包括功能强大的程序动态调试工具。在 Windows 操作系统中，Visual C++ 6.0（以下简写为 VC++ 6.0）是比较流行的 C++ IDE。图 1-3

显示了 VC++ 6.0 集成开发环境的界面。

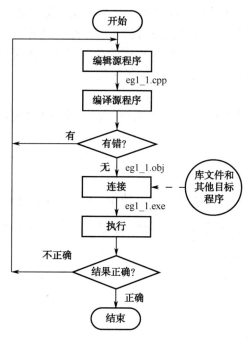

图 1-2　C++程序的开发过程

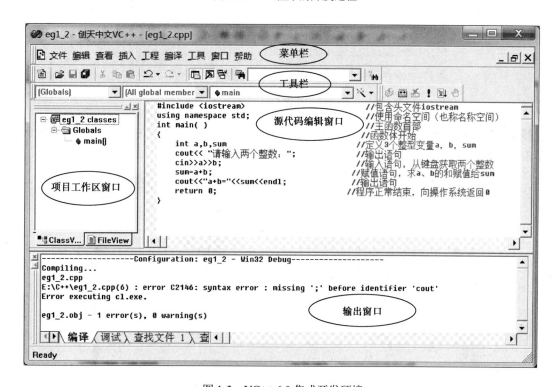

图 1-3　VC++ 6.0 集成开发环境

VC++ 6.0 不仅支持 C++程序的编译和调试，而且也支持 C 语言程序的编译和调试。通常，C++的集成环境约定：当源程序文件的扩展名为.c 时，则为 C 程序；而当文件的扩展名为.cpp

时，则为 C++程序。本书中，所有例子程序中的文件扩展名均为.cpp。

VC++ 6.0 为用户开发 C++或 C 程序提供了一个集成环境，这个集成环境包括：实现源程序的输入、编辑和修改，源程序文件的保存与打开，源程序的编译和链接，程序运行期间的调试与跟踪，工程项目的自动管理，提供应用程序的开发工具，多窗口管理，提供联机帮助等。该集成环境功能齐全，环境复杂，只有经过较长时间的上机实践，逐步理解和体会，才可能熟练运用集成环境中的各种工具。

下面以例 1.2 为例，结合 VC++ 6.0，介绍一个 C++程序的开发过程。

1. 编辑源程序

首先新建一个 C++源文件。方法是：启动 Microsoft Visual C++ 6.0，选择"文件"→"新建"菜单命令，在弹出的对话框中选择"文件"标签页中的"C++ Source File"选项，输入文件名，并选择文件的存储目录，单击"确定"按钮，如图 1-4 所示。

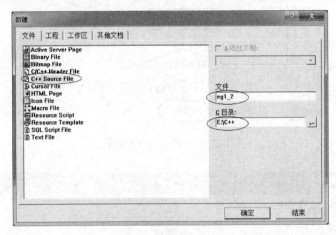

图 1-4　新建 C++源文件

接下来就在代码编辑窗口中输入源代码，输入完毕后选择"文件"→"保存"菜单命令或者单击工具栏上的"🖫"按钮保存源文件，如图 1-5 所示。

图 1-5　编辑源代码

2. 编译源程序

编译的作用是对源程序进行语法检查和语义检查。若编译正确,则将程序的源代码转换为目标代码。如果编译出错,需要修改源程序,直到编译正确为止。

将编写好的 C++源程序进行编译的操作过程为:选择"编译"→"编译***.cpp"菜单命令或者单击工具栏上的" "编译按钮即可。如果要编译的 C++源程序没有被添加到某个工作区,那么在首次编译该源程序时,会弹出一个窗口提示:"编译命令需要创建一个活动工作区",并询问用户:"是否要创建一个默认的项目工作区?"此时,用户要单击"是"按钮确认,如图 1-6 所示。随后,该 C++源文件就被添加到工作区中,并处于打开状态。

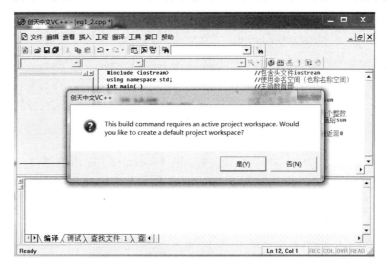

图 1-6 系统提示要创建工作区

在编译源程序时,如果出现语法错误,则相应的错误提示会显示在整个窗口下方的输出窗口中,如图 1-7 所示。根据提示信息将错误修改后,再重新编译,直到没有语法错误为止,如图 1-8 所示。

图 1-7 编译时有语法错误

图 1-8　编译通过

编译系统提示的出错信息分为两种：一种是错误（error），即语法错误，这类错误必须改正后才能生成目标程序；另一种是警告（warning），指一些不影响程序运行的小错误。

3. 将目标程序连接

选择"编译"→"构件***.exe"菜单命令（见图 1-9）或者单击工具栏上的"🖳"构件按钮（见图 1-10），就可以将所有的目标程序进行连接，生成可执行程序。

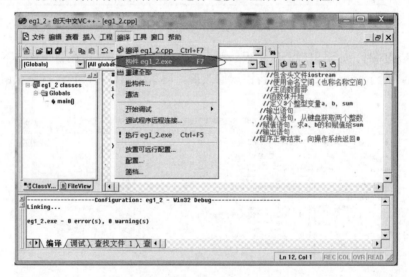

图 1-9　选择"构件"菜单项连接目标程序

4. 运行

在编译和连接完成后，可以选择"编译"→"执行***.exe"菜单命令（见图 1-11）或按组合键 Ctrl+F5 来运行程序，也可以单击工具栏中的"❗"运行按钮（见图 1-12）。VC++ 6.0 会自动将连接生成的可执行程序加载到内存中运行。若 VC++ 6.0 发现上次编译和连接操作后源文件被修改过，则自动编译被修改的源程序，并重新连接所有的目标程序，生成可执行程序，最后运行。成功运行后显示结果如图 1-13 所示。

图 1-10　单击工具栏上的构件按钮"⊞"连接目标程序

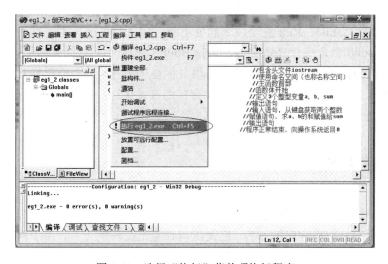

图 1-11　选择"执行"菜单项执行程序

图 1-12　单击工具栏上的运行按钮"❗"执行程序

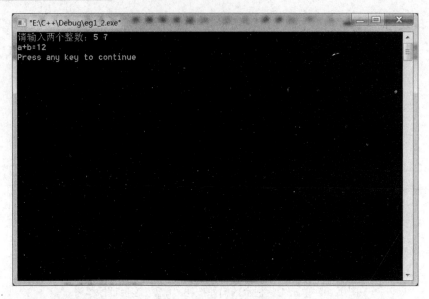

图 1-13　程序运行结果

注意：Compile、Build、Run 三个命令的使用不一定按照顺序，也可以不选择 Compile 命令，而直接选择 Build 命令或者 Run 命令。选择 Build 连接命令时，如果源程序没有经过编译，则编译系统首先会对源程序进行编译，然后再将目标程序进行连接；而选择 Run 命令时，编译系统会检测可执行文件是否已存在，如果已经存在则直接执行，否则会对源程序进行编译、将目标程序连接，之后再执行程序。

1.6　本章小结

语言是由词汇、词法和语法规则构成的符号系统。语言是人类进行思维和传递信息的工具。程序设计语言是书写计算机程序的语言，它是人与计算机交流的工具，用于描述解决问题的步骤和方法，以命令计算机完成各项工作。程序设计语言可以分为机器语言、汇编语言和高级语言，而高级语言又可以分为面向过程的语言和面向对象的语言。

C++语言是从 C 语言发展演变而来的，与 C 语言兼容，具有 C 语言的特点，语言简洁、使用灵活方便、可移植性好、功能强大，同时又增加了面向对象的特性。

一个 C++程序可以由一个程序单位或多个程序单位构成，每一个程序单位为一个文件。在程序编译时，编译系统分别对各个文件进行编译，生成目标程序，然后通过连接程序将所有目标程序与系统的库文件连接在一起，生成可执行程序，供计算机执行。

习题一

一、简答题

1. 请根据自己的了解，叙述 C++的特点。C++对 C 有哪些发展？
2. 一个 C++程序是由哪几部分构成的？其中每一部分的作用分别是什么？

3. 用 C++语言编写程序解决问题时，从接到一个任务到得到最终结果，一般要经过几个步骤？说明这几个步骤的作用。

4. 什么是源程序、目标程序与可执行程序？这些程序类型的扩展名分别是什么？

5. 在程序中添加注释的作用是什么？C++有哪几种注释方式？

二、填空题

1. C++源程序文件的默认扩展名为_____，由 C++源程序文件编译而成的目标文件的默认扩展名为_____，由 C++目标文件连接而成的可执行文件的默认扩展名为_____。

2. 用于输出表达式值的标准输出流对象是_____，用于从键盘上为变量输入值的标准输入流对象是_____。

3. 在每个 C++程序中都必须包含这样一个函数，该函数的函数名为_____。

4. 程序运行中需要从键盘上输入多于一个数据时，各数据之间应使用_____或____符号作为分隔符。

5. 在 C++语言中，用转义字符_____或操纵符_____表示输出一个换行符。

6. 在 C++程序中，一条语句的结束符是_____。

三、选择题

1. 在一个 C++程序文件中，main( )函数_____。

A）必须在开始位置　　　　　　　　　B）必须在最后位置

C）可以在任意位置　　　　　　　　　D）必须在系统调用库函数之后

2. C++的合法注释是_____。

A）/*this is a c++ program/*　　　　　B）//this is a c++ program

C）"this is a c++ program"　　　　　　D）/this is a c++ program/

3. C++程序设计的几个操作步骤依次是_____。

A）编译、编辑、连接、运行　　　　　B）编辑、编译、连接、运行

C）编译、运行、编辑、连接　　　　　D）编译、运行、连接、编辑

4. 以下说法正确的是_____。

A）C++程序运行时，总是从第一个定义的函数开始执行

B）C++源程序中的 main( )函数必须放在程序的开始部分

C）C++程序运行时，总是从 main( )函数开始执行

D）一个 C++函数中只允许有一对花括号

四、写出下列程序的运行结果

```
1. #include <iostream>
using namespace std;
void main( )
{
    cout<<"Hello"<<endl;
    cout<<"I am Jack."<< '\n';
}
```

```
2. #include <iostream>
using namespace std;
void main( )
```

```
{
    int a=12,b=3,c1,c2,c3,c4;
    c1=a+b;c2=a-b;c3=a*b;c4=a/b;
    cout<<"a+b="<<c1<<endl;
    cout<<"a-b="<<c2<<endl;
    cout<<a<<"*"<<b<<"="<<c3<<endl;
    cout<<a<<"/"<<b<<"="<<c4<<endl;
}
```

五、分析下列程序的功能

```
#include <iostream>
using namespace std;
void main( )
{   int a,b,m;
    cin>>a>>b;
    if(a<b) m=a;
    else m=b;
    cout<<"min="<<m<<'\n';
}
```

六、指出下列程序的错误并改正

```
void main( );
{
    int a,b
    cin<<a<<b;
    c=a+b;
    cout>>"a+b=">>c;
}
```

第2章

基本数据类型、运算符和表达式

本章学习目标

➤ 了解 C++语言的字符集和词汇构成。
➤ 理解 C++的基本数据类型。
➤ 理解常量和变量的概念与用法。
➤ 熟练掌握 C++的各种运算符和表达式。
➤ 掌握类型转换。

2.1 C++语言的字符集和词汇

为了说明 C++语言中的字符集和词汇，先引入例 2.1 中的程序。

【例 2.1】 从键盘输入圆的半径，然后计算圆的面积。

```cpp
#include <iostream>
using namespace std;
int main( )
{
    double radius,area;           //定义变量
    cout<< "请输入圆的半径: ";
    cin>>radius;                  //输入半径
    area=3.14*radius*radius;      //计算面积
    cout<<"area="<<area<<endl;
    return 0;
}
```

程序运行结果：

请输入圆的半径：2↙
area=12.56

2.1.1　字符集

从第 1 章的几个例子可以看出，C++源程序是由一系列规定的字符按照 C++的语法规则组合而成的。C++语言与其他语言一样，也是由字符集和规则集组成的。字符是语言中不可分解的最基本语法单位，规则是 C++语言所规定的构成 C++词汇、表达式、语句、函数和程序等的语法准则。C++语言字符集由字母、数字、空白字符、运算符、标点符号和特殊字符构成，如下所示。

（1）字母包括 26 个英文字母的大写（A～Z）和小写（a～z）。

（2）数字 10 个（0～9）。

（3）空白字符：空格、制表符、换行符等。

（4）运算符：+ - * / % = < > && || ! & ,（ ）[ ]等。

（5）标点符号：, ; ' " : { }。

（6）特殊字符：# \ _。

2.1.2　C++语言词汇

词汇是由 C++字符集中的字符按照一定的规则组合而成的。C++中的词汇有关键字、标识符、运算符、分隔符、字面常量和空白字符等。

1. 关键字

关键字是 C++语言预定义的具有特定意义的单词，通常也称为保留字，如例 2.1 中的 double。标准 C++预定义了 63 个关键字，如表 2-1 所示。在本书后面的内容中，并没有涉及 C++的所有关键字，但我们将在以后逐步介绍最重要和最常用的一些关键字的意义和用法。另外，有些标识符虽然不是关键字，但是 C++语言总是以固定的形式用于专门的地方，也不能把它们当做一般标识符使用，例如 include、define、ifdef、ifndef、endif 等。

表 2-1　C++关键字

asm	auto	bool	break	case	catch	char
class	const	const_cast	continue	default	delete	do
double	dynamic_cast	else	enum	explicit	export	extern
false	float	for	friend	goto	if	inline
int	long	mutable	namespace	new	operator	private
protected	public	register	reinterpret_cast	return	short	signed
sizeof	static	static_cast	struct	switch	template	this
throw	true	try	typedef	typeid	typename	union
unsigned	using	virtual	void	volatile	wchar_t	while

2. 标识符

标识符是程序员声明的单词，用来标识程序中的变量名、函数名、类名、对象名等，如例 2.1 中的 radius 和 area。C++语言中标识符的命名规则如下。

（1）标识符只能由字母、数字和下画线组成，并且第一个字符必须是字母或下画线。

（2）C++中标识符区分大小写，即 sum 和 SUM 是两个不同的标识符。

（3）不能与 C++关键字、系统函数名和类名相同。

（4）C++没有规定一个标识符中字符的个数，但是大多数的编译系统会有限制。有的编译系统限定为 32 个字符，有的限定为 255 个字符。

（5）标识符应尽可能做到见名知意，也就是选择有意义的标识符，这样的标识符可以增加程序的可读性。例如，表示累加和可以用 sum，表示平均值可以用 average 等。

（6）一般地，变量名用小写字母表示，或者至少第一个字母用小写，例如 name，sex 等。而常量用大写字母表示，例如，const PI=3.14，PI 就是常量名。如果标识符由多个单词组成，可以用下画线将多个单词连接起来，以提高程序的可读性，例如，student_name。

（7）由于一些标准库中的标识符采用下画线作为第一个字符，因此，用户自定义的标识符最好不要采用下画线作为起始字符，以避免命名冲突。

例如，a1，intVar，_a2b，no_1，total，MAX_VALUE，Name 都是合法的标识符；3G，x+y，@163，C++，$100，U.S.A 都是不合法的标识符。

3. 运算符

运算符表示对数据进行各种操作的符号，如例 2.1 中的算术运算符乘号*与赋值运算符=。在本章 2.5 节及后续章节中将详细介绍各种运算符。

4. 分隔符

分隔符用于分隔各个词法记号或程序中的不同语法单位，以便于编译系统的识别。C++的分隔符有(、)、{ 、}、 ,、 ; 、 :。

这些分隔符不表示任何实际的操作。例如，逗号主要用在类型说明和函数参数表中分隔多个变量（如例 2.1 中定义 radius 和 area 时中间的逗号分隔符），分号用于作为语句结束的标志。这些分隔符的用法将在以后的章节中介绍。

5. 字面常量

字面常量是在程序中直接使用符号表示的数据，包括数字、字符、字符串和布尔文字量，如例 2.1 中用到的 3.14 和"area="。在本章 2.3 节将详细介绍各种文字量。

6. 空白字符

空格、制表符、换行符和注释统称为空白字符。其中，空格、制表符、换行符只在字符常量和字符串常量中起作用，在其他地方出现时，只起间隔作用。编译程序在对源程序进行编译时将忽略连续出现的多个空白字符。因此在程序中使用空白字符与否，对程序的编译不发生影响，但在适当的地方使用空白字符可增加程序的清晰性和可读性。在第 1 章已经介绍过 C++注释的作用与用法。例 2.1 中 main 函数函数体的第一行中，除了左花括号{外，其他内容都是空白符。每条语句之间的换行符、注释符等都是空白符。

2.2 C++数据类型

程序处理的对象是数据，而数据是以某种特定的形式存在的（例如整数、浮点数、字符等形式）。在数学中有整数、实数等概念，在日常生活中我们需要用字符串表示人的姓名和地址等，有些问题的回答只能是"是"或"否"（即逻辑"真"或"假"）。而数据类型代表一些数据的集合，同时确定了可在这些数据上施加的操作。不同类型的数据有不同的操作方法，例如，整数和实数可以进行算术运算，而字符串能进行连接，逻辑数据可以进行"与"、"或"、"非"等逻辑运算。

C++提供了丰富的数据类型，如图 2-1 所示。这些数据类型可以分为基本数据类型和构造类型，基本数据类型是 C++语言内置的，是不可再分割的类型。构造类型是由基本类型组成的更为复杂的类型。本节先介绍基本数据类型，其他数据类型将在后续的章节陆续介绍。

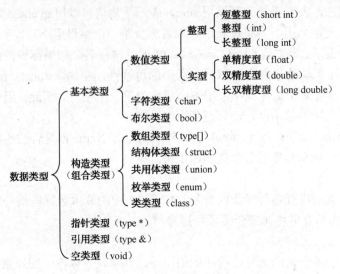

图 2-1　C++数据类型

C++并没有统一规定各类数据的精度、数值范围及其在内存中所占的字节数，各 C++编译系统根据自己的情况作出安排。表 2-2 列出了 VC++数值型和字符型数据的情况。

表 2-2　VC++数值型和字符型数据的字节数和数值范围

类　型	类型标识符	字 节 数	数 值 范 围
短整型	short [int]	2	$-2^{15} \sim 2^{15}-1$（$-32768 \sim +32767$）
无符号短整型	unsigned short [int]	2	$0 \sim 2^{16}-1$（$0 \sim 65535$）
整型	[signed] int	4	$-2^{31} \sim 2^{31}-1$（$-2147483648 \sim +2147483647$）
无符号整型	unsigned [int]	4	$0 \sim 2^{32}-1$（$0 \sim +4294967295$）
长整型	long [int]	4	$-2^{31} \sim 2^{31}-1$（$-2147483648 \sim +2147483647$）
无符号长整型	unsigned long [int]	4	$0 \sim 2^{32}-1$（$0 \sim +4294967295$）
字符型	[signed] char	1	$-2^7 \sim 2^7-1$（$-128 \sim 127$）
无符号字符型	unsigned char	1	$0 \sim 2^8-1$（$0 \sim 255$）
单精度型	float	4	$-3.4 \times 10^{\pm 38} \sim 3.4 \times 10^{\pm 38}$
双精度型	double	8	$-1.7 \times 10^{\pm 308} \sim 1.7 \times 10^{\pm 308}$
长双精度型	long double	8	$-1.7 \times 10^{\pm 308} \sim 1.7 \times 10^{\pm 308}$

说明：

（1）整型数据分为短整型（short int）、一般整型（int）和长整型（long int）。在 int 前面加 short 和 long 分别表示短整型和长整型。

（2）整型数据按二进制数形式存储。例如，十进制整数 85 的二进制形式为 1010101，那么它在内存中的存储形式如图 2-2 所示。

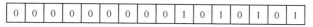

图 2-2　十进制数 85 在内存的存储方式

（3）在整型符号 int 和字符型符号 char 的前面，可以加修饰符 signed（表示"有符号"）或 unsigned（表示"无符号"）。如果指定为 signed，则数值以补码形式存放，存储单元中的最高位用来表示数值的符号。如果指定为 unsigned，则数值没有符号，全部二进制位都用来表示数值本身。

例如，定义 short a=32767,b= −32768;unsigned short c=32768; 则 a、 b、c 三个短整型变量在内存的存储形式如图 2-3 所示。

图 2-3　有符号数与无符号数在内存的存储形式

（4）浮点型（又称实型）数据分为单精度（float）、双精度（double）和长双精度（long double）3 种。在 Visual C++ 6.0 中，对 float 提供 6 位有效数字，对 double 提供 15 位有效数字，并且 float 和 double 的数值范围不同。对 float 分配 4 个字节，对 double 和 long double 分配 8 个字节。

（5）表中类型标识符一栏中，方括号[ ]包含的部分可以省写，如 short 和 short int 等效，unsigned int 和 unsigned 等效。

2.3　常量

2.3.1　常量的定义

在程序运行过程中，值不能改变的量称为常量。常量数据的类型一般为前面介绍的基本类型之一，如 15, 0, −6 为整型常量，3.14, −2.75 为实型常量，'a', '9'为字符常量。

从使用形式上看，常量包括字面常量和符号常量。

（1）字面常量。直接以数据值表示，即从字面形式可识别的常量称为字面常量或直接常量。例 2.1 中的 3.14 便是一个字面常量。

（2）符号常量。以标识符表示的常量称为符号常量。本章第 2.3.4 节将介绍符号常量的使用。

2.3.2 数值常量

1. 整型常量

整型常量是表示整数的常量。C++的整型常量可以采用十进制、八进制、十六进制 3 种形式表示。

（1）十进制整数。十进制整数由正号（+）或负号（−）开始，接着为首位非 0 的若干个十进制数字（0～9）所组成。若前缀为正号则为正数，若前缀为负号则为负数，若无符号则认为是正数。如 38，−25，+120，74286 等都是符合书写规定的十进制整数。

在整型常量末尾添加一个字母 L 或 l，则认为是 long int 型常量，例如 123L，421L，978l 等。在整型常量末尾添加字母 U 或 u，则表示无符号整数，如 123U，421U。在一个整数的末尾可以同时使用 u 和 l，并且对排列无要求。如 25U，0327UL，0x3ffbL，648LU 等都是整数，其类型依次为 unsigned int，unsigned long int，long int 和 unsigned long int。

（2）八进制整数。八进制整数以数字 0 开头，后接若干个八进制数字（借用十进制数字中的 0～7）所组成。如 0，012，0377，−04056 等都是八进制整数，对应的十进制整数分别是 0，10，255 和−2094。

（3）十六进制整数。十六进制整数由数字 0 和字母 x（大、小写均可）开始，后接若干个十六进制数字（0～9，A～F 或 a～f）所组成。如 0x0，0X25，−0x1ff，0x30CA 等都是十六进制整数，对应的十进制整数分别是 0，37，−511 和 4298。

2. 实型常量

实型常量表示带小数的数值常量。实型常量又称为浮点常量或实数。实型常量有以下两种表示形式。

（1）十进制小数形式

十进制小数形式一般由整数部分、小数点和小数部分组成，小数点可以处在任何一个数字位之前或之后。整数部分和小数部分可以省略其中之一，但不能二者皆省略。例如 0.314，.314，3.14，31.4，314.0，314.，−314.56，−.314，−31.等都是符合书写规定的实型常量。

C++编译系统把十进制小数形式表示的实数一律按双精度常量处理，在内存中占 8 个字节。如果在实数的数字之后加字母 F 或 f，表示此数为单精度浮点数，如 12.34F，−3.14f，占 4 个字节。如果加字母 L 或 l，表示此数为长双精度数，在 Visual C++ 6.0 中占 8 个字节。

（2）指数形式（即浮点形式）

实型常量还可以用指数形式（科学计数法）表示。一般用字母 E 或 e 表示其后的数是以 10 为底的幂，E 之前不能没有数字，E 之后必须为整数。

一般形式为：[数符][数字部分]E[指数部分]

如 0.314159E1，3.14159E0，31.4159E−1，314.159E−2 都是符合书写规定的实型常量，都代表 3.14159，而 E2，1.2E−2.5 都是不合法的。由于指数部分的存在，使得同一个浮点数可以用不同的指数形式来表示，数字部分中小数点的位置是浮动的。

在程序中不论把实型数据写成小数形式还是指数形式，在内存都是以指数形式存储的，其存储单元分为两部分：一部分用来保存阶码（指数），另一部分用来保存尾数，如图 2-4 所示。

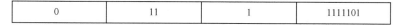

| 阶码的符号 | 阶码的数值 | 尾数的符号 | 尾数的数值 |

图 2-4　实型数据在内存的存储形式

其中，尾数和阶码各占多少二进制位，是用原码还是补码形式存放，这些与具体计算机系统及数据精度有关。例如，对于实数-111.1101B，先转换为指数形式-0.1111101×2^{11}，其中小数部分采用规范化形式，即小数部分小于 1 同时小数点后面第一个数字必须是非 0 数字，则实数-111.1101B 在内存的存储形式如图 2-5 所示。

| 0 | 11 | 1 | 1111101 |

图 2-5　实型数据-111.1101B 在内存的存储形式

C++编译系统把指数形式表示的数值常量也都作为双精度常量处理。

2.3.3　字符常量和字符串常量

1. 字符常量的表示

字符常量有以下两种表示形式。

（1）普通表示形式，即用单引号引起一个字符。如'A'，'a'，'6'，'$'，' '等。字符常量区分大小写字母，如'A'和'a'是两个不同的字符常量。字符常量在内存中存储的是其相应的 ASCII 码。本书附录 A 列出了常用字符与其相应的 ASCII 码。

（2）转义字符表示形式，为以反斜杠"\"开头的字符序列。转义字符通常用来表示控制字符、特殊字符等。如'\n'，'\t'，'\''，'\"'，'\101'，'\x2A'等都是转义字符。表 2-3 列出了 C++常用的转义字符及其含义。

表 2-3　常用转义字符及其含义

转 义 字 符	含　　义	ASCII 码
\a	响铃	7
\b	退格，将当前位置移到前一列	8
\f	换页，将当前位置移到下页开头	12
\n	换行，将当前位置移到下一行开头	10
\t	水平制表（跳到下一个 tab 位置）	9
\r	回车，将当前位置移到本行开头	13
\v	竖向跳格	11
\\	反斜杠字符\	92
\'	单引号'	39
\"	双引号"	34
\0	空字符	0
\ddd	1～3 位八进制数表示的字符	
\xhh	1～2 位十六进制数表示的字符	

注意：转义字符中虽然有两个或多个字符，但它们只代表一个字符。编译系统在遇到字符"\"时，会接着找它后面的字符，把它处理成一个字符，在内存中只占一个字节。

【例2.2】 转义字符的使用举例。

```
#include <iostream>
using namespace std;
int main( )
{
    cout<<"Wang\tYang\n";
    cout<<"\101BC\bDEF\t\x2A\n";
    return 0;
}
```

程序运行结果（其中□代表一个空格）：

```
Wang□□□□Yang
ABDEF□□□*
```

在第一个 cout 语句要输出的字符串中，"Wang"和"Yang"都是普通字符，原样输出，'\t'表示光标跳到下一个制表符位置，每个制表符占 8 列宽度，所以"Yang"从本行的第 9 列开始输出，输出完毕后遇到'\n'换行。

在第二个 cout 语句中，因为'\101'代表八进制数 101 表示的字符，它相当于十进制数 65 表示的字符，从附录 A 可以查出它表示字符'A'。因此先输出字符'A'，而"BC"都是普通字符，原样输出，'\b'表示退格，因此光标移到前一列，即字符'C'的位置，紧接着从光标当前位置输出"DEF"，字符'C'被覆盖，'\t'表示光标跳到下一个制表符位置，所以最后一个字符'\x2A'（代表十六进制数 2A 表示的字符，相当于十进制数 42 表示的字符，即字符'*'）从本行的第 9 列开始输出，输出完毕后换行。

2. 字符数据在内存中的存储形式及其使用方法

实际上，字符数据在内存中存储的是其 ASCII 码，所以存储形式类似于整型数据，在内存中是以二进制形式存放的，但字符数据只占 1 个字节。例如，字符'A'的 ASCII 码值为 65，在内存中的存储形式如图 2-6 所示。

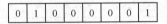

图 2-6 字符'A'在内存的存储形式

因为字符数据的存储形式与整型数据的存储形式类似，所以在 C++中，字符型数据和整型数据之间可以通用。一个字符数据可以赋给一个整型变量，反之，一个整型数据也可以赋给一个字符变量。也可以对字符数据进行算术运算，此时相当于对它们的 ASCII 码进行算术运算。

【例2.3】 将字符赋给整型变量。

```
#include <iostream>
using namespace std;
int main( )
{
    int i,j;                    //定义整型变量 i,j
    i='A';                      //将字符常量'A'赋给整型变量 i
    j='B';                      //将字符常量'B'赋给整型变量 j
    cout<<i<<' '<<j<<'\n';      //输出整型变量 i 和 j 的值
    return 0;
```

```
}
```

程序运行结果：

```
65 66
```

程序中定义了两个整型变量 i 和 j，将字符'A'和'B'分别赋给 i 和 j，实际上相当于把字符'A'和'B'的 ASCII 码 65 和 66 分别赋给 i 和 j，因此输出 65 和 66。

可以看到，在一定条件下，字符型数据和整型数据是可以通用的。但是应注意字符数据只占一个字节，它只能存放 0~255 范围内的整数。

【例 2.4】 字符数据与整数进行算术运算。

```
#include <iostream>
using namespace std;
int main( )
{
    char c1,c2;                      //定义两个字符变量
    c1='a';                          //将字符常量'a'赋值给字符变量
    c2='b';                          //将字符常量'b'赋值给字符变量
    c1=c1-32;                        //字符数据与整数相减
    c2=c2-32;                        //字符数据与整数相减
    cout<<c1<<' '<<c2<<endl;         //输出两个字符变量的值
    return 0;
}
```

程序运行结果：

```
A B
```

字符'a'的 ASCII 码为 97，而'A'的 ASCII 码为 65，'b'的 ASCII 码为 98，'B'的 ASCII 码为 66。从 ASCII 代码表中可以看到每一个小写字母的 ASCII 码比它相应的大写字母的 ASCII 代码大 32。C++字符数据与整数进行运算，实际是字符的 ASCII 值与整数的运算，'a'-32 是 97-32，得到整数 65，'b'-32 是 98-32，得到整数 66。将 65 和 66 存放在 c1,c2 中，由于 c1,c2 是字符变量，因此用 cout 输出 c1,c2 时，得到字符 A 和 B（A 的 ASCII 码为 65，B 的 ASCII 码为 66）。

3. 字符串常量

字符串常量是用双引号括起来的字符序列。如"Hello"，"I am a student"，"sum=a+b"等都是字符串常量。字符串中可以包含转义字符，如"C:\\MyFolder\\a.cpp"，"I say \"Thank you! \"\n"。请分析以下语句的输出结果：

```
cout<<"C:\\MyFolder\\a.cpp\n";       //输出 C:\MyFolder\a.cpp
cout<<"I say \"Thank you!\"\n";      //输出 I say "Thank you!"
```

字符串常量在内存中存储时，系统会自动在字符串的末尾添加一个转义字符'\0'作为字符串结束标志。例如，字符串"Wang"在内存中的存储形式如图 2-7 所示，占用 5 个字节空间。

图 2-7　字符串在内存中的存储形式

字符串的长度是指字符串的有效字符个数，不包括双引号以及字符串结束标志。例如，字

符串"Wang"的长度为4。

注意：

（1）单个字符与只包含一个字符的字符串是不同的。例如，'a'和"a"表示不同的含义，"a"是字符串常量，在内存中占2个字节；'a'是字符常量，占1个字节。请分析以下语句。

```
char ch="a";        //错误
char ch='a';        //正确
```

（2）不存在包含零个字符的字符数据。例如，

```
char ch='';         //两个单引号之间没有任何字符，错误
```

编译时会提示："empty character constant"。只有包含零个字符的空串（双引号之间没有任何字符，形如""），而没有包含零个字符的空字符常量。正确的写法应该为：

```
char ch='\0';
```

如果要把一个空格字符保存到字符变量中，空格字符也要表示出来。例如：

```
char ch=' ';        //两个单引号之间有一个空格
```

（3）如果一个字符串的最后一个字符为"\"，则表示它是续行符，下一行的字符是该字符串的一部分，且在两行字符串间无空格。例如，

```
cout<<"I say \             //本行最后的"\"后面没有字符
\"Thank you!\"\n";         //本行的字符紧连在上一行最后的"\"前面字符之后
输出结果为：I say "Thank you!"
```

2.3.4 符号常量

符号常量用一个标识符表示数据。符号常量的定义格式如下：

```
#define   标识符   字符串
```

#define 为预处理命令，它的作用是通知编译预处理程序，将程序中出现的标识符替换为对应的字符串。例如，#define PI 3.14，这里用标识符 PI 表示字符串 3.14，这里 3.14 是字符串，不要理解为数值。

【例 2.5】 将例 2.1 程序中的 3.14 定义为符号常量，改写如下。

```
#include <iostream>
using namespace std;
#define PI 3.14                    //定义符号常量
int main( )
{
    double radius,area;            //定义变量
    cout<< "请输入圆的半径：";
    cin>>radius;                   //输入半径
    area=PI*radius*radius;         //计算面积
    cout<<"area="<<area<<endl;
    return 0;
}
```

程序运行结果与例 2.1 相同。

引入符号常量有以下好处。

（1）增强了程序的可读性。例如，在例 2.5 中，从 PI 的文字含义可以知道它代表圆周率，含义清楚，可读性强。因此，定义符号常量名时应考虑"见名知意"。

（2）便于程序的修改和维护。例如，对于例 2.5，要修改 PI 的有效位数，提高运算精度，只需修改定义处 PI 的值即可，程序中所有用到的 PI 都将改变为这个值，做到"一改全改"。

2.4 变量

2.4.1 什么是变量

在程序运行过程中，值可以改变的量称为变量。

学习变量时，要区分变量名、变量值以及变量的地址这 3 个概念。定义变量时给变量起的名字称为变量名。变量名是标识符的一种，因此变量的命名要符合 C++的标识符命名规则（参见 2.1.2 节）。下面列出的是合法的标识符，也是合法的变量名。

name，stu_num，age，sum，stu1，_int，year

下面是不合法的标识符和变量名。

No.1，$123，@gxun，#2，3num，stu num，C++

变量值存放在内存的存储单元中，通过变量名可以对存储单元中的变量值进行访问或者修改。内存中存储单元的编号就是变量的地址。在程序中对变量进行引用或修改，实际上是通过变量名找到相应的存储单元，从中读取或修改数据。

2.4.2 定义和使用变量

C++中的变量必须先定义后使用。定义变量包括指定变量的数据类型以及为变量命名。如果需要，还可以为变量赋初始值。定义变量的语法格式如下。

数据类型 变量名 1[=初值 1][,变量名 2[=初值 2]...];

下面是定义变量的几个例子。

```
char ch;              //定义一个字符型变量，名为 ch
short m,n;            //定义两个短整型变量，都未被赋初值
int i=0,j;            //定义两个整型变量，其中 i 被赋予初值
double x=2.5,y=3.5;   //定义两个双精度型的变量，并为它们赋初值
```

定义和使用变量需要注意以下几点。

（1）语法格式中方括号[]包含的部分可以省略，也就是定义变量时既可以为它赋予一个初值，也可以不赋初值。初值可以是常量，也可以是一个有确定值的表达式。例如：

```
int i=0,j=3+5,k;
```

（2）每一个变量被指定为一个确定的类型，在编译时就能为其分配相应的存储单元。例如定义 i 和 j 为 int 型，VC++编译系统对它们各分配 4 个字节，并按整数方式存储数据。

（3）指定每一变量属于一个特定的类型，这就便于在编译时，根据变量的类型检查该变量所进行的运算是否合法。例如，整型变量 a 和 b，可以进行求余运算 a%b。%是求余运算（见 2.5 节），得到 a/b 的余数。如果将 a 和 b 定义为实型变量，则不允许进行求余运算，在编译时会给出有关的出错信息。

（4）如果未对变量赋初值，则该变量的初值是一个不可预测的值，即该存储单元中当时的内容是不确定的。例如，若定义 int a,b;后，执行输出语句 cout<<a<<" "<<b<<endl;时，其输出结果是不确定的，可能是-858993460 和-858993460。

（5）对多个变量赋予同一初值时，必须分别指定，不能写成：float a=b=c=4.5;

而应写成：float a=4.5,b=4.5,c=4.5;

或

float a,b,c;

a=b=c=4.5;

【例 2.6】 计算圆的面积。

```
#include <iostream>
using namespace std;
#define PI 3.14                      //定义符号常量
int main( )
{
    double radius=2,area;            //定义变量
    area=PI*radius*radius;           //计算面积
    cout<<"area="<<area<<endl;
    return 0;
}
```

程序运行结果：

```
area=12.56
```

2.4.3 常变量

在定义变量时，如果加上关键字 const，则变量的值在程序运行期间不能改变，这种变量称为常变量，因为该变量存储单元中的值不能改变，因此也称只读变量。定义常变量语法格式为：

```
const 数据类型 常量名=常数;
```

例如，const int NUM=100;

在定义常变量时必须同时对它初始化（即指定其值），此后它的值不能再改变。常变量不能出现在赋值号的左边。例如上面一行不能写成：

```
const int NUM;
NUM=100;                  //常变量不能被赋值
```

可以用表达式对常变量初始化，如：

```
const int NUM=4+6,S=3*sin(0.5);
```

但应注意，由于使用了系统标准数学函数 sin，必须将包含该函数有关的信息的头文件 "cmath"（或 math.h）包含到本程序中来，可以在本程序的开头加上以下#include 命令：

```
#include <cmath>    或    #include <math.h>
```

#define 命令定义的符号常量和用 const 定义的常变量的区别：

（1）符号常量只是用一个标识符代替一个字符串，在预编译时把所有的标识符替换为所指定的字符串，它没有类型，在内存中并不存在以标识符命名的存储单元。而常变量具有变量的特征，它具有类型，在内存中存在着以它命名的存储单元，可以用 sizeof 运算符测出其长度。

（2）常变量具有变量的特征，但是与一般变量不同的是常变量的值不能改变。用#define 命令定义符号常量是 C 语言所采用的方法，C++把它保留下来是为了和 C 兼容。C++的程序员一般喜欢用 const 定义常变量。虽然二者实现的方法不同，但从使用的角度看，都可以认为用了一个标识符代表了一个常量。有些书上把用 const 定义的常变量也称为定义常量，但读者应该了解它和符号常量的区别。

2.5 运算符和表达式

程序中离不开对数据进行运算。运算符表示对数据进行各种运算和操作的符号，被运算的数据称为操作数。表达式是由操作数和运算符组成的式子。表达式的运算结果称为表达式的值。C++提供了丰富的运算符，用于对所有类型的数据进行不同的处理，对于每个运算符都要掌握它的功能、优先级和结合性。C++运算符的优先级和结合性见附录 B。运算符的优先级决定了表达式中各个运算符的运算顺序。运算符的结合性决定了优先级相同的运算符的运算顺序。

本章主要介绍算术运算符、赋值运算符、逗号运算符、位运算符及其相应的表达式，其他运算符将在以后各章中陆续介绍。

2.5.1 算术运算符和算术表达式

1. 基本算术运算符

算术运算符是对数值型数据进行运算的符号。按操作数的个数可分为单目运算符和双目运算符。C++的基本算术运算符如表 2-4 所示。

表 2-4 C++的基本算术运算符

对 象 数	运 算 符	含 义	使 用 举 例
单目	+	取原值	+a
	-	求相反数	-a
双目	+	加法	a+b
	-	减法	a-b
	*	乘法	a*b
	/	除法	a/b
	%	整除求余	a%b

在使用这些基本的算术运算符时，需要注意以下几点。

（1）求余运算符%要求两侧的操作数均为整型数据，求余运算的结果仍为整数。例如，12%5的结果为2，3%5的结果为3。6.5%4，6.5%3.5都是非法的。

（2）两个整数相除的结果仍为整数，小数部分被舍弃。例如，12/5的结果为2，1/2的结果为0。如果想要保留小数部分，需要对操作数进行强制类型转换（参见2.6.3节），例如(float)12/5的结果为2.4，(float)1/2的结果为0.5。

2．自增和自减运算符

C++的自增、自减运算符如表2-5所示。

表2-5　C++的自增、自减运算符

对 象 数	运 算 符	含 义	使 用 举 例
单目	++（前置）	变量先加1，再使用	++a
	++（后置）	先使用原变量值，再加1	a++
	--（前置）	变量先减1，再使用	--a
	--（后置）	先使用原变量值，再减1	a--

例如，

（1）int i=3,j; j=++i;　　　//结果 i=4，j=4

（2）int i=3,j; j=i++;　　　//结果 i=4，j=3

（3）int i=3,j; j= --i;　　　//结果 i=2，j=2

（4）int i=3,j; j=i --;　　　//结果 i=2，j=3

在使用自增、自减运算符时，需要注意以下几点。

（1）++和--有前置和后置两种形式。对于单独的自加1或自减1运算，如++a或a++，--a或a--，前置与后置两种形式等价。如果表达式中除了有自加1和自减1运算符外，还有其他运算符，这时前置运算和后置运算有不同的含义，会得到不同的运算结果。比如前面的例子中，（1）和（2）运算后i的值都是4，但是j的值却不同；（3）和（4）运算后i的值都是2，但是j的值却不同。

（2）++和--只能用于变量，不能用于常量或表达式。例如，以下用法是错误的。

3++、'a'++、++(i+j)、　(3+4)++

（3）++和--的结合方向是自右向左，参见附录B。

例如，int i=3; cout<<-i++;按自右向左的顺序，i++为后置的，因此先取出i的值3，然后输出-i的值-3，最后i自加变为4。

（4）如果出现多个运算符，编译器在处理时会从左到右将尽可能多的字符组合成一个运算符。例如，i+++i+++i++应理解为(i++)+(i++)+(i++)。

（5）++和--使用十分灵活，但在很多情况下可能出现歧义性，产生意想不到的结果，因此应该尽量避免出现这种歧义性。

例如，若i=3，则表达式(i++)+(i++)+(i++)的值是多少呢？许多人认为先求第1个括号内的值，得到3，再自加，i的值变为4，再求第2个括号内的值，得到4，再自加，……，这样，表达式相当于3+4+5等于12。而实际上，大多数编译系统把3作为表达式中所有i的值，因此3个i相加，得到9。在求出整个表达式的值后再自加3次，i的值变为6。如果希望表达式的结果为 12，则可以写成以下语句。

```
i=3;
a=i++; b=i++;c=i++;
d=a+b+c;
```

执行完以上语句后，d 的值为 12，i 的值为 6。

（6）在调用函数时，实际参数的处理顺序是从右到左；大多数编译系统在处理输出流时，按从右到左的顺序对各输出项求值。

例如：

```
int i=3; printf("%d   %d", i, i++);        //输出结果为：3   3
int i=3; cout<<i++<<"   "<<i++<<endl;      //输出结果为：4   3
```

请思考，如果将上面例子的 printf("%d   %d", i, i++);改为以下几种形式,输出结果是多少？

```
printf("%d   %d", i, ++i);
printf("%d   %d", ++i, i);
printf("%d   %d", i++, i);
```

（7）++和--在 C++程序中是经常见到的，常用于循环语句中，使循环变量自动加 1。也用于指针变量，使指针指向下一个地址。这些将在以后的章节中介绍。

3. 算术表达式

用算术运算符和括号将操作数连接起来的、符合 C++语法规则的式子，称为 C++算术表达式。操作数包括常量、变量、函数等。例如，下面是一个合法的 C++算术表达式。

```
2*4/3+5.2-6
```

对由多个运算符组成的表达式进行求值运算时，先按运算符的优先级高低次序执行，如果一个操作数两侧运算符的优先级相同，则按结合性进行。C++语言规定了各种运算符的优先级和结合性。附录 B 列出了 C++所有运算符的优先级和结合性。

基本算术运算符的优先级为先乘除后加减。相同优先级的运算顺序为从左向右，即具有左结合性。例如，对于表达式 2*4/3+5.2-6，要先进行乘法运算，接着进行除法运算，然后进行加法运算，最后进行减法运算，因此表达式的值为 1.2。

需要注意的是，单目运算符的优先级一般高于双目运算符。例如，int i=3; 表达式++i-6 的运算顺序是，先求++i，得到 4，再进行减法运算，最后得到表达式的值为-2。

2.5.2　赋值运算符和赋值表达式

赋值运算符用于给变量或对象赋值。赋值运算符分为基本赋值运算符和复合赋值运算符两类。

1. 基本的赋值运算符

在 C++中，用"="表示基本赋值运算符，它的作用是把右侧表达式的值赋给左侧变量或对象。使用格式如下：

```
变量或对象=表达式
```

例如下面两个赋值表达式：

```
a=3              //将常数 3 赋给变量 a
a=b+c            //将算术表达式的值赋给变量 a
```

在使用赋值运算符时，需要注意以下几点。

（1）赋值运算符的左边只能是变量，不能是常量或表达式；右边可以是变量、常量或表达式。

（2）当赋值运算符左右两边的数据类型不一致时，需要将右边数据转换成左边数据的类型。在某些情况下，系统会自动进行转换，也可以使用强制类型转换。关于数据类型的转换将在 2.6 节详细介绍。

（3）赋值运算符的运算顺序是自右向左，即具有右结合性。例如，i=j=k+3 的运算顺序是，先将 k 加 3 的值赋给 j，再把 j 的值赋给 i。

2. 复合的赋值运算符

复合赋值运算符是在赋值运算符 "=" 之前加上一个双目运算符构成的。其一般格式为：

变量　双目运算符=表达式

例如，

```
a+=b             //等价于 a=a+b
x %= y+3         //等价于 x= x %(y+3)
```

为便于记忆，可以这样理解：

① a+= b   （其中 a 为变量，b 为表达式）

② a+= b   （将有下画线的 "a+" 移到 "=" 右侧）

③ a = a + b   （在 "=" 左侧补上变量名 a）

注意，如果 b 是包含若干项的表达式，则相当于它有括号。如：

① x %= y+3

② x %= (y+3)

③ x = x%(y+3)   （不要错认为 x=x%y+3）

凡是双目运算符，都可以与赋值运算符一起组合成复合赋值符。C++可以使用以下几种复合赋值运算符：

+=, -=, *=, /=, %=, <<=, >>=, &=, ^=, |=

C++之所以采用这种复合运算符，一是为了简化程序，使程序精炼，二是为了提高编译效率（这样写法与 "逆波兰" 式一致，有利于编译，能产生质量较高的目标代码）。专业的程序员在程序中常用复合运算符，初学者可能不习惯，也可以不用或少用。

3. 赋值表达式

由赋值运算符将一个变量和一个表达式连接起来的式子称为赋值表达式。它的一般形式为：

<变量> <赋值运算符> <表达式>

其中，赋值表达式中的 "表达式" 也可以是赋值表达式。

赋值表达式的求解过程：先求赋值运算符右边的表达式的值，然后赋给赋值运算符左边的变量。一个表达式应该有一个值，赋值表达式的值就是赋值符左边的变量值。下面是一些赋值表达式的例子：

a=b=c=5	//赋值表达式值为5，a，b，c 的值均为5
a=b=(c=5)	//与上述表达式的意义相同
a=5+(c=6)	//表达式值为11，a 值为11，c 值为6
a=(b=4)+(c=6)	//表达式值为10，a 值为10，b 值为4，c 值为6
a=(b=10)/(c=2)	//表达式值为5，a 值为5，b 值为10，c 值为2

请分析下面的赋值表达式：

(a=3*5)=4*3	//正确，赋值表达式作为左值时应加括号

如果写成 "a=3*5=4*3"，这样就会出现语法错误，因为3*5 是表达式，不能出现在赋值运算符的左边。

赋值表达式也可以包含复合的赋值运算符。如 a+=a-=a*a 也是一个赋值表达式。如果 a 的初值为12，此赋值表达式的求解步骤如下：

① 先进行 "a-=a*a" 的运算，它相当于 a=a-a*a=12-144=-132。

② 再进行 "a+=-132" 的运算，它相当于 a=a+(-132)=-132-132=-264。

C++将赋值表达式作为表达式的一种，使赋值操作不仅可以出现在赋值语句中，而且可以表达式形式出现在其他语句（如输出语句、循环语句等）中。这是 C++语言灵活性的一种表现。

请注意，用 cout 语句输出一个赋值表达式的值时，要将该赋值表达式用括号括起来，如果写成 "cout<<a=b;" 将会出现编译错误，正确的写法应该是 "cout<<(a=b);"。

2.5.3 逗号运算符和逗号表达式

在 C++中，可以用逗号运算符 "," 将多个表达式连接起来，称为逗号表达式。其一般形式为：

表达式1，表达式2

例如，"i++,j--" 就是一个逗号表达式。

逗号表达式可以扩展为更一般的形式：

表达式1，表达式2，表达式3，…，表达式n

逗号表达式的求解过程：从左到右依次求解各表达式的值，整个逗号表达式的值是表达式 n 的值。例如，有表达式

a=3*5,a*4

从附录 B 可知：赋值运算符的优先级别高于逗号运算符，因此应先求解 a=3*5，经计算和赋值后得到 a 的值为15，然后求解 a*4，得60。整个逗号表达式的值为60。

一个逗号表达式又可以与另一个表达式组成一个新的逗号表达式，如

(a=3*5,a*4),a+5	//逗号表达式的值为20，a 值为15

请分析下面两个表达式：

① x=(a=3,6*3)

② x=a=3,6*a

从附录 B 可知，逗号运算符是所有运算符中级别最低的，因此以上两个表达式的作用是不

同的。①的表达式是一个赋值表达式，赋值号右边是一个逗号表达式；②的表达式是一个逗号表达式，用逗号连接了一个赋值表达式和一个算术表达式。

使用逗号表达式一般是为了分别得到其中单个表达式的值，而并不一定需要得到整个逗号表达式的值，例如，"i++,j--"可能只是为了实现变量 i 和 j 的自增、自减运算，而整个表达式的结果并不重要。逗号表达式最常用于循环语句（for 语句）中，详见第 3 章。

在用 cout 输出一个逗号表达式的值时，要将该逗号表达式用括号括起来，例如：

```
cout<<(3*5,43-6*5,67/3)<<endl;
```

2.5.4 位运算符和位运算表达式

位运算符用于对数据的二进制位进行运算。位运算符的操作数只能是整型或字符型的数据，不能为实型数据，运算结果为整数。表 2-6 列出了 C++的位运算符。

表 2-6 位运算符

运 算 符	名 称	使用举例	运 算 规 则
~	按位取反	~a	对 a 的每个二进制位取反，即 0 变成 1，1 变成 0
&	按位与	a&b	对 a、b 每个对应的二进制位做与运算
|	按位或	a|b	对 a、b 每个对应的二进制位做或运算
^	按位异或	a^b	对 a、b 每个对应的二进制位做异或运算
<<	按位左移	a<<b	将 a 的每个二进制位左移 b 位
>>	按位右移	a>>b	将 a 的每个二进制位右移 b 位

各个位运算符的优先级是：~，<<，>>，&，^，|。除了~以外，其余均为双目运算符。

（1）按位取反~。

按位取反运算符~是一个单目运算符，用来对一个整数的各个二进制位取反，即 0 变成 1，1 变成 0。例如，~28 是对十进制数 28（即二进制数 00011100）按位取反，结果是二进制数 11100011，这是补码表示，其对应的原码为 10011101，即十进制数-29。

注意：此处是用 8 位二进制表示数据，如果用 16 位、32 位、64 位二进制表示数据，结果都一样。

（2）按位与&。

按位与运算符&用来对两个数的每个对应的二进制数位进行与运算，如果对应的二进制位都为 1，则该位结果为 1，否则为 0，即 0&0=0，0&1=0，1&0=0，1&1=1。

例如，9&12 的结果为二进制数 00001000，即十进制数 8。

```
    9 = 00001001
& 12 = 00001100
    ─────────────
      00001000
```

又如，-9&12 的结果为二进制数 00000100，即十进制数 4。

```
   -9 = 11110111  （补码）
& 12 = 00001100
    ─────────────
      00000100
```

注意： 参加位运算的数据如果是负数，要用补码表示。

使用按位与运算可以将第一个操作数 op1 中的若干指定位置 0，其他位不变，方法是 op1 = op1 & mask（mask 中指定位置 0，其他位为 1）；或者取操作数 op1 中的若干指定位，方法是 op1 = op1 & mask（mask 中指定位置 1，其他位为 0）。

例如，

```
short int i=31;          //i 的二进制数为 0000 0000 0001 1111
i=i&0xFFFC;              //按位与运算后将 i 的最低两位置 0，得到十进制数 28
short int j=10091;       //j 的二进制数为 0010 0111 0110 1011
char c=j&0xff；          //取出 j 的低字节 01101011（十进制数 107）赋给字符变量
```

（3）按位或 |。

按位或运算符 | 用来对两个数的每个对应的二进制数位进行或运算，如果对应的二进制位有一个为 1，则该位结果为 1。即 0|0=0，0|1=1，1|0=1，1|1=1。

例如，9|12 的结果为二进制数 00001101，即十进制数 13。

```
  9  = 00001001
| 12 = 00001100
─────────────
       00001101
```

又如，-9|12 的结果为二进制数 11111111，这是补码表示，其对应的原码为 10000001，即十进制数-1。

```
 -9  = 11110111  （补码）
| 12 = 00001100
─────────────
       11111111
```

使用按位或运算可以将操作数中的若干指定位置 1，其他位不变，方法是将该操作数与另一个操作数（置 1 的对应二进制位设为 1，保持不变的其他位设为 0）进行按位或运算。例如：

```
short int i=31;   //i 的二进制数为 0000 0000 0001 1111
i=i|0xFF;         //按位或运算后将 i 的低字节置为 1111 1111，即十进制数 255
```

（4）按位异或 ^。

按位异或运算符 ^ 用来对两个数的每个对应的二进制数位进行异或运算，如果对应的二进制位相同，则该位结果为 0，否则为 1。即 0^0=0，1^1=0，0^1=1，1^0=1。

例如，9^12 的结果为二进制数 00000101，即十进制数 5。

```
  9 = 00001001
^12 = 00001100
─────────────
      00000101
```

又如，-9^12 的结果为二进制数 11111011，这是补码表示，其对应的原码为 10000101，即十进制数-5。

```
 -9 = 11110111
^12 = 00001100
─────────────
      11111011
```

使用按位异或运算可以将操作数中的若干指定位变反，即 0 变成 1，1 变成 0。如果使某位与 0 异或，结果是该位的原值；如果使某位与 1 异或，则结果与该位原值相反。例如，要使 01010110 的低 4 位变反，可以与 00001111 进行异或。

```
      0101 0110
^     0000 1111
―――――――――――――
      0101 1001
```

（5）按位左移<<。

按位左移运算符<<用于将一个数的各个二进制位全部向左移若干位，并在最低位补 0，移出的高位舍弃。

例如，28<<2 的结果为二进制数 01110000，即十进制数 112。

```
      28 = 00011100
<<2   00   01110000      （移出 00，低位补 00）
```

对于一个整数，左移 1 位相当于将该数乘以 2，左移 2 位相当于将该数乘以 4，即左移 n 位相当于乘以 2^n。

注意： 此结论只适合于左移时没有 1 被移出舍去的情况。例如，127<<2 高位的 01 被移出舍去，结果并不是 127 乘以 4。

```
      127= 01111111
<<2   01   11111100      （移出 01，低位补 00）
```

用移位方法实现整数的乘法比直接做乘法速度快。

（6）按位右移>>。

按位右移运算符>>用于将一个数的各个二进制位全部向右移若干位，移出的低位舍弃，如果是无符号数，则高位补 0；如果是有符号数，则高位补原数的符号位。

例如，28>>2 的结果为二进制数 00000111，即十进制数 7。

```
      28 = 00011100
>>2        00000111      （移出 00，高位补 00）
```

又如，−28>>2 的结果为二进制数 11111001，即十进制数−7。

```
      −28 = 11100100
>>2         11111001      （移出 00，高位补 11）
```

又如，short int j=10091;   //j 的二进制数为 0010 0111 0110 1011

char d=(j&0xff00)>>8;   //取出 j 的高字节 00100111（十进制数 39）赋给字符变量

对于一个整数，右移 1 位相当于将该数除以 2，右移 2 位相当于将该数除以 4，即右移 n 位相当于除以 2^n。用移位方法实现整数的除法比直接做除法速度快。

注意： 不论是左移运算还是右移运算，移位运算的结果是位运算表达式（如 28<<2 和 a>>2）的值，移位运算符左边的表达式（如常量 28 和变量 a）值本身不会改变。

2.5.5 求字节运算符

求字节运算符用 sizeof 表示，它的作用是求数据占用的字节数。它有以下 3 种使用形式。

```
sizeof(数据类型)
```

sizeof(变量名)
sizeof(表达式)

例如，sizeof(int)的值为 4；double d=3.14，sizeof(d)的值为 8；sizeof('b'+10)的值为 4。

2.6 数据类型转换

在 C++中，不同类型的数据进行混合运算，或者需要将一个表达式的值转换成期望的类型时，就需要进行数据类型的转换。

2.6.1 不同类型数据混合运算时的类型转换规则

在表达式中常遇到不同类型数据之间进行混合运算，整型、实型、字符型数据间可以混合运算，例如：

10+'a'+3*2.5f-325.6/20L

在进行运算时，不同类型的数据要先转换成同一类型，然后进行运算。转换的规则如图 2-8 所示。

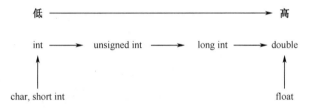

图 2-8 不同类型数据混合运算时的类型转换规则

图 2-8 中纵向箭头表示必定会进行的转换，如 float 型数据必先转换成 double 型，以提高运算精度（即使是两个 float 型数据相加，也先都转换成 double 型，然后再相加）。char 型或 short int 型数据必定先转换成 int 型。

横向箭头表示当操作数为不同类型时转换的方向。例如，int 型与 unsigned int 型数据进行运算时，int 型先转换为 unsigned int 再进行运算。int 型与 double 型数据进行运算时，int 型直接转换成 double 型，然后两个 double 型数据进行运算，结果为 double 型。注意箭头方向只表示数据类型级别的高低，由低向高转换。不要理解为 int 型先转换成 unsigned int 型，再转成 long int 型，再转成 double 型。如果参加运算的两个操作数中最高级别为 long 型，则另一数据先转换成 long 型，再运算，运算结果为 long 型。其他依此类推。这些类型转换是由系统自动进行的。

根据图 2-8 所示的转换规则，表达式 10+'a'+3*2.5f-325.6/20L 的运算次序如下。

（1）进行 10+'a'的运算，先将 char 型数据'a'转换成 int 型数据 97，运算结果为 107。

（2）进行 3*2.5f 的运算。先将整数 3 与 float 型数据 2.5 都转换成 double 型，运算结果为 double 型数据 7.5。

（3）整数 107 与 double 型数据 7.5 相加。先将整数 107 转换成双精度数（小数点后加若干个 0，即 107.000...00）再相加，和为 114.5，结果为 double 型。

（4）将长整型数据 20L 转换 double 型，325.6/20L 的商为 16.28，结果为 double 型。

（5）求 114.5 与 16.28 的差，结果为 98.22，为 double 型。

2.6.2　赋值时的类型转换规则

如果赋值运算符两侧的数据类型不同，但都是数值型或字符型时，需要进行类型转换，这种转换也是由系统自动进行的。具体转换规则如下。

（1）float、double 型数据赋值给 int 型时，舍弃小数部分。

例如：

```
float f=3.5f;
int i=f+1.8;
```

算术表达式 f+1.8 的值为 5.3，结果为 double 型数据，根据以上转换规则，舍弃小数，因此 i 的值为 5。

（2）int、char 赋值给 float、double 型时，补足有效位，在内存中以指数形式存储到变量中。

例如，float f=12，float 为 6 位有效数字，所以 f 的值为 12.0000。

（3）char 型（1 字节）赋值给 int 型（4 字节）时，将 char 型数据的 ASCII 码赋给 int 型数据的低 8 位，高 24 位补 0。

（4）int、short、long 型数据赋值给一个 char 型变量时，只将其低 8 位赋给 char 型变量。

例如：

```
short int i=365;
char c;
c=i;                    //将一个 int 型数据赋给一个 char 型变量
```

为方便起见，以一个 int 型数据占两个字节（16 位）的情况来说明，一个 int 型数据占 4 个字节（32 位）的情况与之类似。赋值情况如图 2-9 所示，赋值后变量 c 的存储单元内容为 01101101，即十进制数 109，对应的字符为'm'。

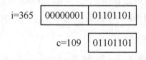

图 2-9　int 型数据赋值给 char 型变量

（5）unsigned（无符号）型数据赋值给长度相同的 signed（有符号）型数据时，直接传送数值（无符号数的最高位若是 0 则数值保持不变，若是 1 则变为有符号数的符号位）。

【例 2.7】　将无符号数据赋值给有符号变量。

```
#include <iostream>
using namespace std;
int main( )
{
      unsigned short a=32767,b=65535;
      short int c,d;
      c=a;
      d=b;
      cout<<"c="<<c<<"    d="<<d<<endl;
```

```
        return 0;
    }
```

程序运行结果为：

c=32767　d=-1

变量 a 和 b 在内存的存储形式如图 2-10 所示。当把 a 赋值给有符号变量 c 时，存储单元的所有数值（补码表示）全部传送给变量 c，作为有符号数，最高位表示符号位，最高位为 0 表示正数，因此 c 的值与 a 的值相同，c=32767。类似地，b 赋值给 d 时，也是将 b 变量存储单元的所有数值全部传送给变量 d，1111111111111111 是-1 的补码，因此输出 d 的值为-1。

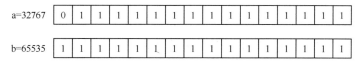

图 2-10　无符号短整型 32767 和 65535 在内存中的存储形式

（6）signed（有符号）型数据赋值给长度相同的 unsigned（无符号）型数据时，直接传送数值（有符号数的符号位也作为数值一起传送）。

【例 2.8】　将有符号数据赋值给无符号变量。

```
#include <iostream>
using namespace std;
int main( )
{
    short a=32767,b=-32768;
    unsigned short c,d;
    c=a;
    d=b;
    cout<<"c="<<c<<"   d="<<d<<endl;
    return 0;
}
```

程序运行结果为：

c=32767　d=32768

变量 a 和 b 在内存的存储形式如图 2-11 所示。当把 a 赋值给无符号变量 c 时，存储单元的所有数值（包括符号位）全部传送给变量 c，因此，c 的值为 32767。如果 a 为正值，且在 0～32767 之间，则赋值后数值不变。类似地，b 赋值给 d 时，也是将 b 变量存储单元的所有数值（包括符号位）全部传送给变量 d，b 的符号位成为无符号变量 d 的数值位，因此 d 的值为 2^{15}，即 32768。

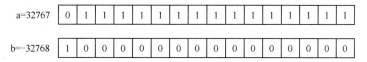

图 2-11　无符号短整型 32767 和 65535 在内存中的存储形式

不同类型的整型数据间的赋值归根结底就是一条：按存储单元中的存储形式直接传送。

C 和 C++使用灵活，在不同类型数据之间赋值时，常常会出现意想不到的结果，而编译系统并不提示出错，全靠程序员的经验来找出问题。这就要求编程人员对出现问题的原因有所了解，以便迅速排除故障。

2.6.3　强制类型转换

在 C++语言中，除了以上两种自动类型转换外，还可以进行强制类型转换，就是将某个数的数据类型转换成指定的另一种数据类型。

强制类型转换有以下两种形式。

（1）（类型名）（表达式）。

（2）类型名（表达式）。

第 1 种形式是从 C 语言继承来的，第 2 种形式是 C++语言增加的形式。例如，以下强制类型转换表达式都是合法的。

(double)a 或 double(a)	//将 a 转换成 double 类型
(int)(x+y)或 int(x+y)	//将 x+y 的值转换成 int 型
(int)x+y 或 int(x)+y	//将 x 的值转换成 int 型再与 y 相加
(float)(8%5)	//将 8%5 的值转换成 float 型
(int)7.8%(int)2.3	//将 7.8 和 2.3 都转换成 int 型再进行求余运算

注意：如果要进行强制类型转换的对象是一个变量，该变量可以不用括号括起来。如果要进行强制类型转换的对象是一个包含多项的表达式，则表达式应该用括号括起来，例如 (int)(x+y)，不能写成(int)x+y。

与表达式中数据类型的自动转换一样，强制类型转换也是临时转换，对参与运算的对象的类型没有影响。

从附录 B 可知，强制类型转换运算符的优先级高于算术运算符。例如，有变量定义："double a=7.5,b=3.2;int c=3;"，则表达式 "(int)a%c+b" 的运算次序是，先进行强制类型转换(int)a，得到一个 int 型的中间变量值 7，再进行求余运算，结果为 1，最后 1 与 b 相加，得到 4.2。求解表达式的值后，a 的类型和值都没有变。

由上可知，有两种类型转换，第一种是在运算时不必用户指定，系统自动进行的类型转换。第二种是强制类型转换。当自动类型转换不能实现目的时，可以用强制类型转换。此外，在函数调用时，有时为了使实参与形参类型一致，可以用强制类型转换运算符得到一个所需类型的参数。

2.7　本章小结

程序处理的对象是数据，而数据类型由一组数据的集合和一个操作的集合构成。C++的数据类型分为基本数据类型和构造数据类型，基本数据类型是 C++语言内置的，包括 int（整型）、float（单精度型）、double（双精度型）、char（字符型）、bool（布尔型）。构造数据类型包括数组、结构体、共用体、枚举类型和类类型等。对数据进行处理需要使用运算符，C++提供了丰富的运算符，本章主要介绍了算术运算符、赋值运算符、逗号运算符、位运算符、求字节运算符及其相应的表达式。在表达式中，运算符具有优先级和结合性。

习题二

一、简答题

1．下列哪些标识符是合法的？

_fun　2_num　myName　num_2　a+b　3G　for　test　@126　No.1

2．C++提供哪些基本数据类型？请在计算机上测试各种数据类型所占用的字节数。

3．下面哪些是合法的C++字面常量，它们的类型是什么？

123　-25.6　E2　1E+2　3E2　-36　.75　1e-6　1.2e+2　-000　1.2e+2.5　'\r'

red　'8'　'3.56'　'A'　"A"　"Good Luck"　"\""　"12*&%ab+(JQ)"

4．什么是符号常量？它有什么优点？它与常变量有什么区别？

5．下列变量声明哪些是正确的？

```
int a=10,b;
int x,y;
int m,float n;
int a=b=c=3;
```

6．计算下列表达式的值。

（1）3/5*6.2+'a'+4.0/5

（2）4.5+32/5-12%5

（3）b=a++-1;　　　　　（设 a 的初值为 3）

（4）++a+(-b)+c++　　　（设 a=3,b=4,c=5）

（5）a=3+5

（6）b=a+=8　　　　　　（设 a 的初值为 3）

（7）a*=3+5　　　　　　（设 a 的初值为 3）

（8）a*=b-(c=1)　　　　（设 a=3,b=4,c=5）

（9）a/=a+a　　　　　　（设 a 的初值为 3）

（10）a%=(c/=2)　　　　（设 a=3,b=4,c=5）

（11）a+=a-=a*=a　　　（设 a 的初值为 3）

（12）c=--x,y++,x+y+z　（设 a=3,b=4,c=5）

7．设 a=3，b=5，c=7，请计算下列表达式的值。

（1）a^b^b

（2）b^a^a

（3）a|b-c

（4）a^b&-c

（5）a&b|c

（6）～a|a

（7）a^a

（8）a<<2

二、选择题

1．下列字符串常量表示中，错误的是_____。

A）"\"yes\"or\"No\"　　B）"\'OK!\'"　　C）"abcd\n"　　D）"ABC\0"

2．以下不合法的十六进制数是_____。

A）0x5g　　B）0xabc　　C）0x7b　　D）0x29

3．以下不合法的八进制数是_____。

A）067　　B）0125　　C）021　　D）058

4．若 x=12，则表达式 y=x>12?x+10:x-12 的值是_____。

A）22　　B）0　　C）12　　D）10

5．在 C++中，正确的实型常数是_____。

A）2e　　B）.09　　C）3e2.1　　D）e5

6．设"int a=15,b=26;"，则"cout<<(a,b);"的输出结果是_____。

A）15　　B）26,15　　C）15,26　　D）26

7．下列表达式的值为 false 的是_____。

A）1<3 && 5<7　　B）!(2>4)　　C）3&0&&1　　D）!(5<8)||(2<8)

8．若整型变量 x=2，则表达式 x<<2 的结果是_____。

A）2　　B）4　　C）6　　D）8

9．设 int n=10,i=4;则赋值运算 n%=i+1 执行后，n 的值是_____。

A）0　　B）3　　C）2　　D）1

10．如果定义 int a=1,b=2,c=3,d=4;则条件表达式 a<b?a:c<d?c:d 的值为_____。

A）1　　B）2　　C）3　　D）4

三、分析下列程序的运行结果

```
1. #include <iostream>
using namespace std;
void main( )
{    int a=025,b=32,c=0x2a;
     cout<<"a="<<a<<"\n";
     cout<<"b="<<b<<"\n";
     cout<<"c="<<c<<endl;
}
2. #include <iostream>
using namespace std;
void main( )
{    char c1='a',c2='b',c3='c',c4='\101',c5='\x52';
     cout<<c1<<c2<<c3<<"\n";
     cout<<"\t\b"<<c4<<'\t'<<c5<<'\n';
}
3. #include <iostream>
using namespace std;
void main( )
{    char c1='\103',c2='+',c3='+';
     cout<<"I say: \"I like "<<c1<<c2<<c3<<".\"";
     cout<<"\t\t"<<"He says: \"Me too.\""<< '\n';
```

```
}
4.  #include <iostream>
using namespace std;
void main( )
{       char c1,c2;
        c1='A'+'5'-'3';
        c2='a'+'5'-'3';
        cout<<c1<<","<<(int)c2<<endl;
}
5.  #include <iostream>
using namespace std;
void main( )
{       short int a=-32768,b=32767;
        int c=32767;
        a--;
        b++;
        c++;
        cout<<"a="<<a<<",b="<<b<<",c="<<c<<"\n";
}
6.  #include <iostream>
using namespace std;
void main( )
{       int i=8,j=10,m,n;
        m=++i+j++;
        n=(++i)+(++j)+m;
        cout<<i<<'\t'<<j<<'\t'<<m<<'\t'<<n<<endl;
}
```

第3章

结构化程序设计

<<<<<<<

本章学习目标

➤ 了解算法的概念与算法的表示方法。

➤ 了解结构化程序设计思想。

➤ 掌握 C++输入/输出的方法。

➤ 掌握顺序结构程序的编写。

➤ 掌握关系运算符与逻辑运算符，掌握分支语句并熟练编写选择结构的程序。

➤ 掌握循环语句，熟练编写循环结构的程序。

➤ 掌握常用的算法。

3.1 算法

面向过程的程序设计应包括以下两个方面。

（1）对数据的描述。在程序中要指定数据的类型和数据的组织形式，即数据结构。

（2）对操作的描述。即对程序中定义的数据进行操作的步骤，也就是算法。

著名的计算机科学家 Nikiklaus Wirth 提出了一个公式：

$$程序=数据结构+算法$$

如今，有很多专家对该公式加以扩充：

$$程序=数据结构+算法+程序设计方法+语言工具和环境$$

数据结构和算法是程序的核心（灵魂），在程序设计过程中，程序员必须认真考虑和设计数据结构和算法。

3.1.1 算法的概念和特点

简单地说，算法是处理问题的一系列的步骤。算法必须具体地指出在执行时每一步应当怎样做。

不要认为只有"计算"的问题才有算法。广义地说，为解决一个问题而采取的方法和步骤，就称为"算法"。例如，菜谱实际上就是做菜肴的"算法"，乐谱实际上就是演奏歌曲的"算法"。

计算机算法可分为两大类别：数值算法和非数值算法。数值算法的目的是求数值形式的解。例如求方程的根，求函数的定积分等都属于数值算法范围。非数值算法包括的面十分广泛，最常见的是用于事务管理领域，例如图书检索、人事管理、成绩管理等。目前，计算机在非数值方面的应用远远超过了在数值方面的应用。

C++既支持面向过程的程序设计，又支持面向对象的程序设计。无论面向过程的程序设计还是面向对象的程序设计，都离不开算法设计。

虽然算法根据求解的问题不同而千变万化，但应具备以下5个特性。

（1）有穷性。算法包含的步骤必须是有限的，并在合理的时间范围内可以执行完毕。

（2）确定性。算法中的每一个步骤都应当有确切的含义，没有二义性。

（3）可行性。算法中的每一个步骤都可以通过已经实现的基本运算执行有限次来实现，并可以得到确定的结果。

（4）有零个或多个输入。算法可以有多个输入或没有输入，即算法操作的数据。

（5）有一个或多个输出。算法必须有一个或多个输出，即算法的计算结果。

3.1.2 算法的表示

算法可以用多种形式来表示，常用的有以下4种。

1. 自然语言

自然语言是人们日常使用的语言，如中文或英文等。用自然语言描述算法通俗易懂，但比较烦琐、冗长，并且容易产生歧义性。在程序设计中一般不用自然语言表示算法。

例如，对于"求三个数 a、b、c 中的最大值"问题，采用自然语言描述如下：先将 a 和 b 进行比较，找出其中的大数，然后再把这个大数和 c 进行比较，如果它比 c 大，则它是最大数，否则 c 是最大数。

2. 伪代码

伪代码是用介于自然语言和计算机语言之间的文字和符号来描述算法。伪代码的写法比较随意，没有严格的规则，只要能表达意思即可。

例如，对于"求三个数 a、b、c 中的最大值"问题，采用伪代码描述可以写成：

```
if a>b then
    max=a
else
    max=b
if max>c then
    输出 max
else
    输出 c
```

由于伪代码的写法类似于高级语言中的语句，因此，由伪代码表示的算法较容易转化为高级语言。

3. 流程图

流程图是用一些图形符号来描述算法，常用的流程图符号如图 3-1 所示。

求 3 个数 a、b、c 中的最大值问题的流程图如图 3-2 所示。

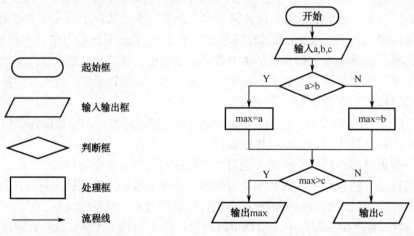

图 3-1　常用的流程图符号　　　　图 3-2　求三个数的最大值的算法流程图

用流程图表示算法，直观形象，易于理解。但修改算法时显得不大方便，对比较大的、复杂的程序，画流程图的工作量很大，专业人员一般不用流程图表示算法，而喜欢用伪代码表示算法。但为了使初学者更容易理解算法，有的教材常用流程图表示算法。

4. 用计算机语言表示算法

算法仅仅是提供了解决某类问题可以采用的方法和步骤，还必须使用某种计算机语言对算法进行实现，即编程。用计算机语言描述算法就是计算机程序。

以上 4 种算法的表示方法各有特色，读者可以根据自己的喜爱和熟悉程度来选择使用。

3.2　结构化程序设计概述

3.2.1　结构化程序设计的概念

对于一个复杂的问题，人们很难直接写出一个层次分明、结构清晰、算法正确的程序。那么怎样才能得到清晰的结构呢？通过结构化程序设计思路可以把一个复杂问题的求解过程分阶段进行，每个阶段处理的问题都控制在人们容易理解并易于处理的范围内。

结构化程序设计的基本方法：在设计程序时，采用自顶向下、逐步求精的原则，将一个复杂的大问题分解为若干独立的小问题，必要时，对每一个小问题再进一步分解。每个模块只有一个入口和一个出口，这样不管有多少模块，都可以通过入口和出口将它们连接起来。通过多层次逐步求精，最后确定算法，这样的方法就是自顶向下的程序设计方法。

3.2.2 结构化程序设计的3种基本结构

结构化程序设计有 3 种基本控制结构，即顺序结构、选择结构和循环结构。由这 3 种基本结构描述的算法，可以解决任何复杂的问题。这 3 种基本结构可以用流程图进行描述。

1. 顺序结构

程序的执行是按照语句的先后顺序进行的，如图 3-3 所示，先执行 A，再执行 B。

2. 选择结构

选择结构根据某个条件是否满足来决定执行的语句，如图 3-4 所示，如果条件 P 为真，执行 A，否则执行 B，然后转向后面的语句。

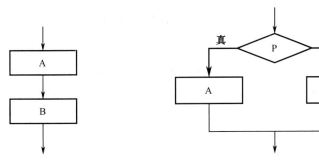

图 3-3 顺序结构流程图   图 3-4 选择结构流程图

3. 循环结构

循环结构先判断某个条件，若是成立，则重复执行某语句块。循环结构有两种形式：while 结构和 until 结构。

while 结构如图 3-5 所示，先判断条件 P，当 P 为真时重复执行 A，当 P 为假时，转向其后面的语句。如果条件 P 一开始就是假的，则 A 一次也不执行，直接转到下一条语句。

until 结构如图 3-6 所示，先执行 A，然后判断条件 P，如果条件 P 为真时重复执行 A，当 P 为假时，转向其后面的语句。不管条件 P 成立与否，A 至少执行一次。

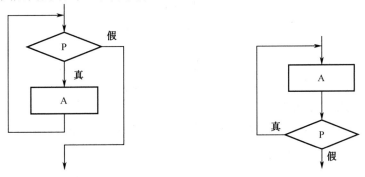

图 3-5 循环结构（while 结构）流程图   图 3-6 循环结构（until 结构）流程图

从以上各图可以看出，3 种基本结构的共同特点如下。

（1）只有一个入口。

（2）只有一个出口。

（3）结构内的每一部分都有可能被执行到。

（4）结构内不存在死循环。

3.3 C++语句

程序对数据的处理是通过执行一系列语句来实现的，一条语句完成一项操作。语句是 C++ 程序中最小的独立单位，它相当于一篇文章中的一个句子，句子是用句号结束的，语句一般是用分号结束的（复合语句是以右花括号}结束的）。

C++语言的语句分为以下几类。

1. 声明语句

数据（常量、变量以及对象）定义语句属于声明语句。例如以下变量的定义。

```
int a,b;
```

在 C 语言中，只有产生实际操作的才称为语句，对变量的定义不作为语句，而且要求对变量的定义必须出现在本块中所有程序语句之前。因此 C 程序员已经养成了一个习惯：在函数或块的开头位置定义全部变量。

在 C++中，对变量（以及其他对象）的定义被认为是一条语句，并且可以出现在函数中的任何行，既可以放在其他程序语句可以出现的地方，也可以放在函数之外。这样更加灵活，可以很方便地实现变量的局部化（变量的作用范围从声明语句开始到本函数或本块结束）。

2. 控制语句

控制语句用于控制程序的流程，C++有以下 9 种控制语句。

① if( ) ~ else ~   //条件语句
② for( ) ~   //循环语句
③ while( ) ~   //循环语句
④ do ~ while( )   //循环语句
⑤ continue   //结束本次循环
⑥ break   //中止执行 switch 或循环语句
⑦ switch   //多分支选择语句
⑧ goto   //无条件跳转语句
⑨ return   //从被调函数返回主调函数

其中，( )表示要判断的条件，~表示条件满足时要执行的语句。

3. 函数和流对象调用语句

函数调用语句是由一个函数调用加一个分号构成的语句，例如，

```
sort(a,b,c);              //函数调用语句
```

流对象调用语句是使用输入输出流库中的流对象对数据进行操作的语句。

```
cin>>a>>b;               //流对象调用语句
cout<<m<<endl;           //流对象调用语句
```

4. 表达式语句

表达式语句是由一个表达式加一个分号构成的语句。例如，下面就是一些表达式语句。

```
(a+b+c)/3;
i++;
c=a&b;
```

最典型的表达式语句是由赋值表达式加分号构成的赋值语句，其一般形式如下。

```
变量=表达式;
```

由于赋值运算符"="右边的表达式也可以是一个赋值表达式，因此赋值语句展开后的一般形式为：

```
变量=变量=…=表达式;
```

例如，下面就是一些赋值语句：

```
i=i+1;
a=b=c=10;
```

任何一个表达式的最后加一个分号都可以成为一个语句。一个语句必须在最后出现分号。表达式能构成语句是 C 和 C++语言的一个重要特色。C++程序中大多数语句是表达式语句（包括函数调用语句）。

5. 空语句

空语句是仅包含一个分号的语句，它的格式如下。

```
;
```

空语句什么也不做，它的作用是用于语法上需要一条语句的地方，而该地方又不需要做任何事情。例如：

```
for(int i=1,sum=0;i<=100;sum+=i,i++) ;        //循环体为一条空语句
```

上述语句的作用是求 1~100 的和，因为求和操作已放在 for 语句的<表达式 3>中，循环体已不需要做任何事情，而语法上要求 for 语句的循环体必须是一条语句，因此循环体是一条空语句。

6. 复合语句

复合语句是由一对花括号{}括起来的语句序列。复合语句的格式如下。

```
{  <语句序列>  }
```

其中，<语句序列>中的语句可以是任何 C++语言。例如，下面就是一个复合语句。

```
if(a>b)
{
    t=a;
    a=b;
    b=t;
}
```

整个复合语句在语法上当作一个语句看待，任何在语法上需要一个语句的地方都可以是一个复合语句。复合语句主要用作函数体和结构语句的成分语句，其作用将在后续的流程控制语句和函数部分进行介绍。

在复合语句的书写格式上应注意左右花括号的配对问题，为了防止遗漏花括号，好的编码

习惯是在编写程序时，先键入左花括号和右花括号，且尽量把配对的花括号对齐写在同一列上，再键入其中的语句，这样还可以提高程序的可读性。

3.4 C++的输入与输出

3.4.1 输入/输出概述

输入/输出是程序的一个重要组成部分，程序运行所需要的数据往往要从外设（如键盘、文件等）得到，程序的运行结果通常也要输出到外设（如显示器、打印机、文件等）中去。

输入/输出不是 C++语言的组成成分，而是由具体的编译系统作为标准库的功能来提供。C++的输入输出是一种基于"流"的操作。将数据从一个对象到另一个对象的流动抽象为"流"。在进行输入操作时，可把输入的数据看成逐个字节地从外设流入到计算机内部（内存）；在进行输出操作时，则把输出的数据看成逐个字节地从内存流出到外设。

C++利用输入输出流库中的流对象 cin 和 cout 来实现输入输出。cin 和 cout 是预定义的流对象，cin 用来处理标准输入，即键盘输入，cout 用来处理标准输出，即屏幕输出。在定义流对象时，系统会在内存中开辟一段缓冲区，用来暂存输入输出流的数据。从流中获取数据的操作称为提取操作，">>"是流提取运算符，作用是从标准输入设备（键盘）的输入流中提取若干字节送到计算机内存中指定的变量。向流中添加数据的操作称为插入操作，"<<"是流插入运算符，作用是将需要输出的内容插入到标准输出设备（显示器）的输出流中。通过流实现输入输出操作的过程如图 3-7 和图 3-8 所示。

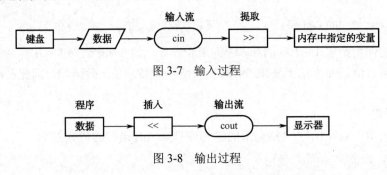

图 3-7 输入过程

图 3-8 输出过程

需要说明的是，尽管 cin 和 cout 不是 C++本身提供的语句，但是在不致混淆的情况下，为了叙述方便，常常把由 cin 和流提取运算符 ">>" 实现输入的语句称为输入语句或 cin 语句，把由 cout 和流插入运算符 "<<" 实现输出的语句称为输出语句或 cout 语句。

3.4.2 输入/输出流的基本操作

在 iostream 头文件中定义了流对象 cin、cout 和流运算符，因此，在程序中要使用 cin、cout 和流运算符，必须使用预处理命令#include 把头文件包含到本程序文件中。

```
#include <iostream>
using namespace std;
```

1．输出

cout 语句的一般格式为：

```
cout<<表达式 1<<表达式 2<<......<<表达式 n;
```

注意：语法格式中插入运算符"<<"之后可以是常量、变量、表达式或有返回值的函数调用等。

一个 cout 语句可以写在一行上或者分写成若干行。例如，定义变量

```
char a='H';
int b=10;
double c=56.8;
```

要输出这 3 个变量的值，可以写成：

```
cout<<a<<b<<c;              //写在一行上
cout<<a                     //分写成若干行，注意行末尾无分号
   <<b
   <<c;
```

也可以写成多个 cout 语句，例如：

```
cout<<a;
cout<<b;
cout<<c;
```

以上 3 种情况的输出均为：

```
H1056.8
```

注意：不能用一个插入运算符"<<"插入多个输出项：

```
cout<<a,b,c;               //错误，不能一次插入多项
cout<<(a,b,c);             //正确，这是一个表达式，作为一项
cout<<a+b+c;               //正确，这是一个表达式，作为一项
```

在用 cout 输出时，用户不必通知计算机按何种类型输出，系统会自动判别输出数据的类型，使输出的数据按相应的类型输出。为了使输出结果清晰明了，在输出的数据之间可以用空格、回车符等符号间隔，例如上面的 cout 语句可以写成：

```
cout<<"a="<<a<<"   b="<<b<<"   c="<<c;
```

则输出结果为：

```
a=H   b=10   c=56.8
```

这样的输出形式比前面的更清晰。

2．输入

cin 语句的一般格式为：

```
cin>>变量 1>>变量 2>>......>>变量 n;
```

注意：语法格式中提取运算符">>"之后是变量名，不能常量或表达式，有的初学者在使用 cin 语句时容易犯的错误是，想要从键盘输入一个整数 10，使用了错误的格式：cin>>10。

与 cout 类似，一个 cin 语句可以写在一行上或者分写成若干行。例如，要输入 3 个变量的值，可以写成：

```
cin>>a>>b>>c;                    //写在一行上
cin >>a                         //分写成若干行，注意行末尾无分号
    >>b
    >>c;
```

也可以写成多个 cin 语句，例如：

```
cin>>a;
cin>>b;
cin>>c;
```

以上 3 种情况均可以从键盘输入：　1　2　3✓
也可以分多行输入数据：

```
1✓
2  3✓
```

在用 cin 输入时，系统也会根据变量的类型从输入流中提取相应长度的字节。例如，以下程序段：

```
char c1,c2;
int a;
float b;
cin>>c1>>c2>>a>>b;
```

如果输入

```
1234   56.78✓              （34 和 56 之间有空格）
```

系统会提取第一个字符'1'给字符变量 c1，提取第二个字符'2'给字符变量 c2，然后提取 34 给整型变量 a，最后提取 56.78 给实型变量 b。也可以按下面的格式输入，提取的变量值与前面一样：

```
1  2  34  56.78✓
```

在提取了第一个字符'1'给字符变量 c1 后，遇到第二个字符，是一个空格，系统把空格作为数据间的分隔符，不予提取，只提取后面的一个字符到'2'给 c2，然后提取 34 和 56.78 分别给 a 和 b。

如果输入

```
123456.78✓              （数据之间没有空格）
```

则系统会提取第一个字符'1'给字符变量 c1，提取第二个字符'2'给字符变量 c2，然后提取 3456 给整型变量 a，最后提取 0.78 给实型变量 b，与前面两种输入方式得到的结果不一样。

在组织输入流数据时，要仔细分析 cin 语句中变量的类型，按照相应的格式输入，否则容易出错。在输入数据时，好的习惯是在数据之间以空格或回车符间隔，以免发生不可预知的错误。

注意： 不能用 cin 语句把空格字符和回车换行符作为字符输入给字符变量，它们将被跳过。如果想将空格字符或回车换行符（或任何其他键盘上的字符）输入给字符变量，可以用 3.4.4

节介绍的 getchar 函数。

3.4.3　在输入流与输出流中使用控制符

本书前面章节中的例子以及 3.4.2 一节中介绍的都是采用 cin 和 cout 的默认格式输入输出。但有时人们在输入输出时要设定一些格式。例如，输入数据时按十六进制输入，输出数据时设置显示数据的宽度、对齐方式，输出实数时指定小数位数等。表 3-1 列出了在输入输出流中可使用的控制符。

表 3-1　控制符一览表

控　制　符	作　　用	用　　法
dec	设置基数为 10	cin>>dec>>a; cout<<dec<<a;
hex	设置基数为 16	cin>>hex>>a; cout<<hex<<a;
oct	设置基数为 8	cin>>oct >>a; cout<<oct <<a;
endl	输出一个换行符，并刷新流	cout<<a<<endl;
ends	输出一个空字符'\0'，并刷新流	cout<<a<<ends;
flush	只刷新一个输出流	cout<<a<<flush;
setw(int n)	设置显示数据的宽度为 n	cout<<setw(10)<<a;
setfill(int ch)	设置填充字符为 ch，ch 可以是整型和字符型的常量或变量	cout<<setw(10)<<setfill('*')<<a;
setprecision (int n)	设置浮点数显示时的精度为 n。在以一般十进制小数形式输出时，n 代表有效数字。在以 fixed 固定小数位数形式和 scientific（指数）形式输出时，n 代表小数位数	cout<<setprecision(4)<<c; cout<<setiosflags(ios::fixed) 　　<<setprecision(4)<<a;
setiosflags (ios::fixed)	设置浮点数以固定的小数位数显示	cout<<setiosflags(ios::fixed)<<a;
setiosflags (ios::scientific)	设置浮点数以科学记数法（指数形式）显示	cout<<setiosflags(ios:: scientific) 　　<<a;
setiosflags (ios::left)	输出数据左对齐	cout<<setw(10) 　　<<setiosflags(ios::left)<<a;
setiosflags (ios::right)	输出数据右对齐	cout<<setw(10) 　　<<setiosflags(ios::right)<<a;
setiosflags (ios::uppercase)	数据以十六进制形式输出时字母以大写表示	cout<<hex 　　<<setiosflags(ios::uppercase)<<a;
setiosflags (ios:: showbase)	输出数据时显示数据的进制	cout<<hex 　　<<setiosflags(ios::showbase)<<a;
setiosflags (ios::showpos)	输出正数时显示"+"号	cout<<setiosflags(ios::showpos)<<a;
resetiosflags (long f)	括号内为原先设置的控制符，作用是取消之前的设置	cout<<setiosflags(ios::scientific)<<a; cout<<resetiosflags(ios::scientific) 　　<<a;

控制符有两种调用方式：一种是无参数的，另一种是带参数的。无参数控制符一般在 iostream 头文件中声明，而带参数的控制符在 iomanip 头文件中声明。如果在程序中使用带参数的控制符，则必须在程序中包含头文件 iomanip。但是如果要使用的所有控制符都没有参数，可以不用 iomanip 头文件。

例如，以下为输出双精度数。

```
double a=123.456789012345;                            对 a 赋初值
(1) cout<<a;                                          输出：123.457
(2) cout<<setprecision(9)<<a;                         输出：123.456789
(3) cout<<setprecision(6);                            恢复默认格式（精度设为 6）
(4) cout<< setiosflags(ios::fixed)<<a;                输出：123.456789
(5) cout<<setiosflags(ios::fixed)<<setprecision(8)<<a;  输出：123.45678901
(6) cout<<setiosflags(ios::scientific)<<a;            输出：1.234568e+002
(7) cout<<setiosflags(ios::scientific)<<setprecision(4)<<a;  输出：1.2346e+002
```

第（1）行按默认格式输出（以十进制小数形式输出，有效数字为 6 位）。第（2）行指定输出 9 位有效数字。第（3）行恢复默认格式，即默认为 6 位有效数字。第（4）行指定以固定小数位输出，默认输出 6 位小数。第（5）行以固定小数位输出，指定 8 位小数。第（6）行指定以指数形式输出，默认输出 6 位小数（第 7 位小数 4 舍 5 入）。第（7）行以指数形式输出，指定 4 位小数。

下面是整数输出的例子。

```
int b=123456;
(1) cout<<b;                                          输出：123456
(2) cout<<hex<<b;                                     输出：1e240
(3) cout<<setiosflags(ios::uppercase)<<b;             输出：1E240
(4) cout<<setw(10)<<b<< ','<<b;                       输出：□□□□123456，123456
(5) cout<<setfill('*')<<setw(10)<<b;                  输出：****123456
(6) cout<<setiosflags(ios::showpos)<<b;               输出：+123456
```

第（1）行默认以十进制整数形式输出。第（2）行按十六进制整数形式输出。第（3）行以十六进制形式输出，字母以大写表示。第（4）行设置输出数据的宽度为 10，则在 123456 前留 4 个空格（□表示空格），紧接着再输出一次 b 时，由于 setw 只对其后第一个数据起作用，因此在第二次输出 b 时 setw 不起作用，按默认方式输出，前面不留空格。第（5）行在输出时以"*"代替空格。第（6）行在输出正数时显示"+"号。

【例 3.1】 使用控制符进行格式化输入输出举例。

```
#include <iostream>
#include <iomanip>
using namespace std;
int main( )
{   int i,j;
    double pi=3.1415926535;
    cout<<"please enter value in dec and hex:";
    //按默认的十进制形式输入 i 值，指定以十六进制形式输入 j 值
    cin>>i>>hex>>j;
    cout<<i<<","<<oct<<i<<","<<hex<<i<<endl;          //以不同的进制形式输出 i 值
```

```
        cout<<dec<<j<<","<<oct<<j<<","<<hex<<j<<endl;    //以不同的进制形式输出 j 值
        cout<<setw(5)<<setfill('*')<<i<<endl;                //设置输出 i 时的宽度以及填充字符
        //以一般十进制小数形式输出 pi 的值，且指定输出 10 位有效数字
        cout<<dec<<setprecision(10)<<pi<<endl;
        //以固定小数位输出 pi 的值，且指定输出 2 位小数
        cout<<setiosflags(ios::fixed)<<setprecision(2)<<pi<<endl;
        return 0;
}
```

程序运行情况：

```
please enter value in dec and hex:128    2a3c↙
128, 200, 80
10812, 25074, 2a3c
***80
3.141592654
3.14
```

注意：一旦使用了进制控制符 dec、hex 或 oct 后，该控制符的作用一直延续到程序的结束或者遇到另一个控制符时。

如果在多个 cout 语句中使用相同的 setw(n)，并使用 setiosflags(ios::right)，可以实现各行数据右对齐，如果指定相同的精度，可以实现上下小数点对齐。

【例 3.2】 使用控制符使输出的数据对齐。

```
#include <iostream>
#include <iomanip>
using namespace std;
int main( )
{     double d1=251.367,d2=2.71828,d3=-172.35;
      cout<<setiosflags(ios::fixed|ios::right)<<setprecision(2);
      cout<<setfill('*');
      cout<<setw(10)<<d1<<endl;
      cout<<setw(10)<<d2<<endl;
      cout<<setw(10)<<d3<<endl;
return 0;
}
```

程序运行结果：

```
****251.37
******2.72
***-172.35
```

3.4.4　用 getchar 和 putchar 函数输入和输出字符

在 C++中，除了可以使用输入输出流库中的流对象 cin 和 cout 实现数据的输入输出外，还可以使用 C 标准函数库中提供的函数进行输入输出。要使用标准 I/O 库中的函数，应在源程序的开头使用如下包含命令。

```
#include <cstdio>
```

1. 字符输出函数 putchar( )

putchar( )函数的作用是向标准输出设备（一般为显示器）输出一个字符，其调用格式为：

```
putchar(ch);
```

其中，函数的参数 ch 可以是一个字符常量或变量，根据第 2 章的内容，在一定范围内，整型数据可以与字符型数据通用，所以 ch 也可以是整型常量或变量。

【例 3.3】 字符输出函数使用举例。

```
#include <cstdio>
using namespace std;
int main( )
{    char ch='A';
     putchar('A');          //用字符常量形式输出字符
     putchar(ch);           //用字符变量形式输出字符
     putchar('\n');         //用转义字符常量形式输出字符
     putchar(65);           //用 ASCII 码值输出字符
     putchar('\x41');       //用转义字符常量形式输出字符，也可以用'\101'
     putchar(10);           //用 ASCII 码值输出字符
     return 0;
}
```

程序运行结果：

```
AA
AA
```

2. 字符输入函数 getchar( )

getchar( )函数的功能是从系统标准输入设备（一般为键盘）输入一个字符，其一般调用格式为：

```
getchar( );
```

getchar( )函数没有参数，函数的返回值是从输入设备得到的字符的 ASCII 码值。

【例 3.4】 字符输入、输出函数使用举例。

```
#include <cstdio>
using namespace std;
int main( )
{    char c;
     c=getchar( );
     putchar(c+32);
     putchar('\n');
     return 0;
}
```

程序运行情况：

```
A↙
a
```

注意: getchar( )只能接收一个字符。getchar 函数得到的字符可以赋给一个字符变量或整型变量，也可以不赋给任何变量，作为表达式的一部分。例如，例 3.4 的主函数体可以改写为：

```
putchar(getchar( )+32);
putchar('\n');
```

也可用 cout 输出 getchar 函数得到的字符的 ASCII 码值：

```
cout<<getchar( );
```

以下两种情况输出的是字符：

```
cout<<(c=getchar( ));            //设 c 已定义为字符变量
cout<<(c=getchar( )+32);         //若输入大写字母，则输出对应的小写字母
```

思考: 如果把例 3.4 的主函数体改写为如下形式，以完成多个字符的输入、输出，应该如何输入数据？

```
{
    putchar(getchar( ));
    putchar(getchar( ));
}
```

程序运行情况(1):

```
A↙
A
```

从运行结果看，好像只接收并显示了一个字符。但是实际上已经读取了两个字符，当输入一个字符并按回车键后，字符'A'传给了第一个 getchar( )函数，回车符作为一个字符传给了第二个 getchar( )函数。

在使用 getchar( )函数时要注意回车符与空格也会作为一个字符读入。如果程序中有两个或两个以上 getchar( )函数，应该一次性输入所需字符，最后再按回车键。因此，正确的输入方法和运行结果如下：

```
AB↙
AB
```

3.4.5 用 scanf 和 printf 函数进行输入和输出

上一节介绍的 putchar( )和 getchar( )函数只能用于字符数据的输入和输出。在 C 语言中是用格式化输入与输出函数 scanf( )和 printf( )进行各种类型数据的输入和输出，在 C++中可以保留这一用法。

1. 格式化输出函数 printf( )

printf( )函数的功能是格式化输出任意数据列表，其一般调用格式为：

printf(格式控制字符串，输出列表);

其中，格式控制的作用是控制输出项的格式，也可以直接输出一些提示信息。"格式控制字符串"必须用双引号引起来，其组成有以下 3 种形式。

（1）普通字符：按原样输出，主要用于输出提示信息。

（2）转义字符：输出转义字符对应的值，主要用于格式控制。

（3）格式说明：以"%"开始，以一个格式符结束。在"%"和格式符之间还可以加入一些附加格式说明符（又称为修饰符）。格式说明用来对后面的输出列表中的数据进行格式控制，一般形式为：

%[附加格式说明符]格式符

"输出列表"表示要输出的数据，可以是常量、变量、表达式或函数返回值等，每个输出项之间用逗号分隔。该项可以省略。

表 3-2 列出了 printf 函数常用的一些格式符。由于 C++中主要是用 cout 实现输出，很少使用 printf，保留 printf 主要是为了与 C 兼容，所以关于 printf 函数的附加格式说明符在此不作介绍，如果读者想对 printf 函数有更多了解，可以参考 C 语言程序设计方面的书籍。

表 3-2　printf 函数的格式符

格 式 符	说　　明
d 或 i	以带符号的十进制形式输出整数（正数不输出符号"+"）
u	以无符号十进制形式输出整数
o	以八进制无符号形式输出整数（不输出前导符 0）
x 或 X	以十六进制无符号形式输出整数（不输出前导符 0x）
c	输出一个字符
s	输出字符串
f	以小数形式输出单、双精度数，隐含输出 6 位小数
e 或 E	以指数形式输出单、双精度数，小数位数为 6 位
g 或 G	自动选用%f、%e 或%E 格式中输出宽度较小的一种格式，不输出无意义的 0

【例 3.5】 格式化输出函数的使用举例。

```
#include <cstdio>
using namespace std;
int main( )
{    int a=3;
     double b=5.27;
     char c='A';
     printf("下面是格式化输出的例子\n");        //给出提示信息
     printf("a=%d,b=%f,c=%c\n",a,b,c);        //指定输出项 a，b，c 的输出格式
     return 0;
}
```

程序运行结果：

下面是格式化输出的例子
a=3,b=5.270000,c=A

程序中第一个 printf 函数只有一个字符串类型的参数，表示程序运行的提示信息，这些字符串内容直接输出，然后遇到'\n'，输出回车换行符。第二个 printf 函数有两个参数，第一个参

数是一个格式控制字符串，指定了输出项 a，b，c 的输出格式。

2. 格式化输入函数 scanf( )

scanf 函数的功能是格式化输入任意数据列表，其一般调用格式为：

scanf(格式控制字符串，地址列表);

其中，"格式控制字符串"的使用方法与 printf 函数中的类似，表 3-3 列出了 scanf 函数常用的一些格式符。"地址列表"是输入信息存放地址的列表，一般是变量地址。

表 3-3   scanf 函数的格式符

格 式 符	说 明
d 或 i	用于输入十进制整数
u	以无符号十进制形式输入整数
o	用于输入八进制整数
x 或 X	用于输入十六进制整数
c	用于输入单个字符
s	用于输入字符串
f	用于输入实数（小数或指数形式均可）
e 或 E	与 f 相同

scanf 函数也有附加格式说明符，本书也不介绍，如果读者想对 scanf 函数有更多了解，可以参考 C 语言程序设计方面的书籍。

【例 3.6】 格式化输入函数的使用举例。

```
#include <cstdio>
using namespace std;
int main( )
{    int a;
     float b;
     char c;
     printf("请输入数据\n");                //给出提示信息
     scanf("%d %f %c",&a,&b,&c);
     printf("a=%d,b=%f,c=%c\n",a,b,c);       //指定输出项 a，b，c 的输出格式
     return 0;
}
```

程序运行情况：

```
请输入数据
10   3.14159265   A↙                  （数据之间以空格分隔）
a=10,b=3.141593,c=A
```

在使用 scanf 函数时要注意以下几点：

（1）scanf( )的地址列表中的变量必须使用地址符&，初学者常疏忽这一点。例如，"scanf("%d %f %c",a,b,c);"就是错误的书写方式。

（2）在 scanf( )的格式控制字符串中不能使用转义字符。例如，"scanf("%d\n",&a);就是错

误的。但可以在 scanf( )的格式控制字符串中使用其他普通字符，这种情况下，在输入数据时必须输入与它们相同的字符。

例如，如果把例 3.6 的输入语句改写如下：

```
scanf("a=%d,b=%f,c=%c",&a,&b,&c);
```

则以下几种输入方式都是错误的：

```
10 3.14159265 A✓
10,3.14159265, A✓
a=10 b=3.14159265 c=A✓
```

正确的输入方式应为：

```
a=10,b=3.14159265,c=A
```

（3）对于形如"scanf("%d%d%d",&a,&b,&c);"的输入语句，即要输入若干个整数，但是格式说明之间没有任何字符的输入语句，可以用空格、Tab 制表符、回车符作为数据输入的分隔符。但是如果格式说明中有"%c"，因为空格、Tab 制表符和回车符均为有效字符，因此输入数据时，字符数据的前面不能出现空格、Tab、回车符等，否则就会读取这些字符。

例如，如果把例 3.6 的输入语句改写如下：

```
scanf("%d%f%c",&a,&b,&c);
```

如果输入：

```
10 3.1415926535 A✓
```

则输出：

```
a=10,b=3.141593,c=□          (□表示空格)
```

要使变量 c 得到字符'A'，则在输入第二个数据后不要输入空格，直接输入 A 即可，正确的输入方式为：

```
10 3.1415926535A✓
```

3.5 顺序结构程序设计

第 3.2.2 节已经介绍过，结构化程序设计有顺序结构、选择结构和循环结构这 3 种基本控制结构。其中最简单的流程控制结构是顺序结构，即程序按书写次序，从左到右、从上到下依次执行每个语句。实现顺序结构的 C++语句主要有声明语句、表达式语句、复合语句、空语句。

【例 3.7】 "鸡兔同笼"问题。有若干只鸡和兔同在一个笼子里，已知鸡和兔的总头数为 h，总脚数为 f，求鸡和兔各有多少只？

分析：设笼中有鸡 x 只，兔 y 只，由条件可列出二元一次方程组：

$$x+y=h$$
$$2x+4y=f$$

解方程组得：

$x=(4h-f)/2$
$y=(f-2h)/2$

程序如下：

```
#include <ciostream>
using namespace std;
int main( )
{
    int h,f,x,y;
    cout<<"请输入鸡和兔的总头数:";
    cin>>h;
    cout<<"鸡和兔的总脚数（偶数）:";
    cin>>f;
    x = (4 * h - f) / 2;
    y = (f - 2 * h) / 2;
    cout<<"则笼中鸡有" << x <<"只，兔有" <<y<< "只。"<<endl;
    return 0;
}
```

3.6 关系运算和逻辑运算

除了顺序结构程序外，在程序中往往需要根据不同的条件来决定程序该执行的内容。进行条件判断时，最常用的是关系表达式和逻辑表达式构成的条件。

3.6.1 关系运算符和关系表达式

关系运算符用来实现两个数的比较，判断其比较的结果是否满足给定的关系。C++提供了6种关系运算符，如表3-4所示。

用关系运算符将两个表达式连接起来的式子称为关系表达式。它的一般形式为：

<表达式> <关系运算符> <表达式>

其中的"表达式"可以是算术表达式、关系表达式、逻辑表达式、赋值表达式、字符表达式等。例如，下面都是合法的关系表达式：

a>b   a+b>b+c   (a==3)>(b==5)   'a'<'b'   (a>b)>(b<c)

关系表达式的值有两个：真（true）和假（false）。在 C 和 C++中都用数值 1 代表"真"，用 0 代表"假"。例如，以下是几个关系表达式的例子：

3>0	关系成立，结果为真，表达式的值为1
3==5	关系不成立，结果为假，表达式的值为0
3!=3	关系不成立，结果为假，表达式的值为0

表3-4　C++的关系运算符

运　算　符	含　义	优　先　级
>	大于	
>=	大于等于	优先级相同（高）
<	小于	
<=	小于等于	
==	等于	优先级相同（低）
!=	不等于	

关系运算符、算术运算符、赋值运算符的优先级如下。

<pre>
算术运算符   ↑   高
关系运算符   │
赋值运算符   │   低
</pre>

关系运算符的结合性为自左向右。

根据以上优先级和结合性，可以计算出以下表达式的值（假设 a=3，b=2，c=1）。

a>b	表达式的值为1
a>b+c	表达式的值为0
f=a>b>c	f 的值为 0，表达式的值为0
a>b==c	表达式的值为1
d=(a>b)==(b>c)	d 的值为1，表达式的值为1

3.6.2　逻辑常量和逻辑变量

C 语言的数据类型中没有逻辑类型，关系表达式的值（真和假）分别用数值 1 和 0 代表。C++增加了逻辑型数据。逻辑型常量只有两个，即 true（真）和 false（假）。

逻辑型变量要用类型标识符 bool 来定义，它的值只能是 true 和 false 之一。例如：

bool found,flag=false;	//定义逻辑变量 found 和 flag，并使 flag 的初值为 false
found=true;	//将逻辑常量 true 赋给逻辑变量 found

由于逻辑变量是用关键字 bool 来定义的，因此又称为布尔变量。逻辑型常量又称为**布尔常量**。

设立逻辑类型的目的是看程序时直观易懂。例如，

if(b*b-4*a*c>0)　flag=true;

当判别式 $b^2-4*a*c>0$ 时，使逻辑变量 flag 的值为 true，含义是当判别式为真时，一元二次方程有两个实根。

在编译系统处理逻辑型数据时，将 false 处理为 0，将 true 处理为 1。因此，逻辑型数据可以与数值型数据进行算术运算。

如果将一个非零的整数赋给逻辑型变量，则按"真"处理。例如：

flag=123;	//赋值后 flag 的值为 true
cout<<flag;	

输出为数值1。

3.6.3 逻辑运算符和逻辑表达式

有时只用一个关系表达式还不能正确表示所指定的条件。例如，数学上的式子 10≤a≤20，在C++中不能只用一个关系表达式表示，应该表示为：

a≥10&&a≤20

它的含义是：a≥10 和 a≤20 同时满足，或者说 a≥10 和 a≤20 同时为真。&& 是 C++ 的逻辑运算符，逻辑运算符用于实现一些复杂条件中的逻辑运算。

C++ 提供了 3 种逻辑运算符，如表 3-5 所示。3 种逻辑运算符的优先级从高到低依次为：!（非）→ &&（与）→ |（或）。逻辑运算符的结合性：! 为自右向左，&& 和 || 为自左向右。

表 3-5 C++ 的逻辑运算符

运 算 符	含 义	操作数个数
&&	逻辑与：两个操作数为真，结果为真	双目
||	逻辑或：只要两个操作数有一个为真，结果为真	双目
!	逻辑非：原值取反，真变为假，假变为真	单目

逻辑运算符、关系运算符、算术运算符、赋值运算符之间的优先级如下。

```
        !              ↑        高
   算术运算符
   关系运算符
   && 和 ||
   赋值运算符                    低
```

例如：

(a>b) && (a>c)	可写成 a>b && a>c
(a==b) && (b==c)	可写成 a==b && b==c
(a==b) || (a==c) || (b==c)	可写成 a==b || a==c || b==c
(!a) || (a>b)	可写成 !a || a>b

用逻辑运算符将两个表达式连接起来的式子称为逻辑表达式，它的一般形式如下。

<表达式> <逻辑运算符> <表达式>

逻辑运算符两侧的表达式可以是关系表达式、逻辑表达式等任何表达式，还可以是任何类型的数据，系统最终以 0 和非 0 来判定它们属于"真"或"假"。根据表 3-5 中逻辑运算符的含义，可得出操作数的值为不同组合时逻辑表达式的值，如表 3-6 的真值表所示。表 3-6 显示了在计算逻辑表达式的值时，操作数非 0 表示"真"，0 表示"假"，逻辑运算的结果只有两个取值：真和假，用 1 代表"真"，用 0 代表"假"。

表 3-6 逻辑运算的真值表

a	b	!a	!b	a&&b	a||b
真（非0）	真（非0）	假（0）	假（0）	真（1）	真（1）

a	b	!a	!b	a&&b	a‖b
真（非0）	假（0）	假（0）	真（1）	假（0）	真（1）
假（0）	真（非0）	真（1）	假（0）	假（0）	真（1）
假（0）	假（0）	真（1）	真（1）	假（0）	假（0）

例如，以下逻辑表达式及其值。

2&&3　　　　　　　　//操作数 2 和 3 为非 0 值，视为逻辑真，因此表达式的值为 1

-2&&0　　　　　　　　//操作数-2 为非 0 值，视为逻辑真，0 为假，因此表达式的值为 0

0.5‖3　　　　　　　　//操作数 0.5 和 3 为非 0 值，视为逻辑真，因此表达式的值为 1

!0　　　　　　　　　　//操作数 0 为假，因此表达式的值为 1

!5　　　　　　　　　　//操作数 5 为非 0，视为逻辑真，因此表达式的值为 0

注意：对于一个逻辑表达式，如果逻辑运算符左边的值已经能够确定整个式子的运算结果，那么逻辑运算符右边的式子将忽略不做运算。

例如，若 a=4，对于表达式 5>7&&(a=3>5)，由于 5>7 不成立，结果为 0，按照逻辑与的运算规则，只有运算符两侧的结果都为非 0，结果才为 1，所以不论 3>5 的结果如何，整个式子的结果都为 0，a=3>5 就不做运算了，所以 a 的值仍为 4，而不是 0。

熟练掌握 C++的关系运算符和逻辑运算符后，可以巧妙地用一个逻辑表达式来表示一个复杂的条件。例如，要判别某一年是否为闰年。闰年的条件是符合下面两者之一：①能被 4 整除，但不能被 100 整除。②能被 100 整除，又能被 400 整除。例如 2004、2000 年是闰年，2005、2100 年不是闰年。

可以用一个逻辑表达式来表示：

```
(year % 4 == 0 && year % 100 != 0) ‖ year % 400 == 0
```

当给定 year 为某一整数值时，如果上述表达式值为真(1)，则 year 为闰年；否则 year 为非闰年。可以加一个"!"用来判别非闰年：

```
!((year % 4 == 0 && year % 100 != 0) ‖ year % 400 == 0)
```

若表达式值为真（1），year 为非闰年。也可以用下面的逻辑表达式判别非闰年：

```
(year % 4 != 0) ‖ (year % 100 == 0 && year % 400 !=0)
```

若表达式值为真，year 为非闰年。请注意表达式中右面的括号内的不同运算符（%,!,&&,==）的运算优先次序。

3.7　选择结构

在程序中，如果需要根据不同的条件来决定程序该执行什么语句，这就需要通过选择语句来构造选择结构的程序。在 C++中，选择结构的程序可以通过 if 语句和 switch 语句来实现。

3.7.1 if 语句

if 语句（又称条件语句）是根据一个条件满足与否来决定是否执行某个语句或从两个语句中选择一个语句执行。if 语句有 3 种形式。

1. 单分支选择 if 语句

单分支选择语句是最基本的条件语句，它的一般形式如下。

if(表达式) 语句

它的含义是：如果表达式的值为真，则执行语句，否则不做任何操作。if 语句完成后，继续执行 if 后面的语句。这种 if 语句的执行过程可以用图 3-9 所示的流程图表示。

例如，以下判断整数是否为偶数的 if 语句：

if(x%2==0)　cout<<"偶数"<<endl;

2. 双分支选择 if 语句

if-else 形式为双分支选择 if 语句，它的一般形式为：

if(表达式)　语句 **1**
else 语句 **2**

它的含义是：如果表达式的值为真，则执行语句 1，否则执行语句 2。if 语句完成后，继续执行 if 后面的语句。这种 if 语句的执行过程可以用图 3-10 所示的流程图表示。

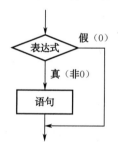

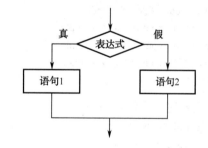

图 3-9　单分支 if 语句的流程图　　　　图 3-10　双分支 if 语句的流程图

例如，以下是判断整数是偶数或奇数的 if-else 语句。

if(x%2==0)cout<<"偶数"<<endl;
else　cout<<"奇数"<<endl;

3. 多分支选择 if 语句

if-else if 形式为多分支选择 if 语句，它的一般形式为：

if(表达式 **1**)　语句 **1**
else if(表达式 **2**)　语句 **2**
else if(表达式 **3**)　语句 **3**
…
else if(表达式 **n**) 语句 **n**
else　语句 **n+1**

其执行方式为：依次判断各个表达式的值，当出现某个值为真时，则执行其对应的语句，然后跳到整个 if 语句之外继续执行后面的语句。如果表达式 1 到表达式 n 的结果都为假，则执行语句 n+1，语句 n+1 执行完后转向执行 if 后面的语句。这种 if 语句的执行过程可以用图 3-11 所示的流程图表示。

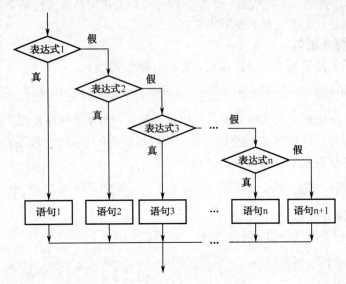

图 3-11　多分支 if 语句的流程图

例如，以下是根据成绩确定等级的多分支选择 if 语句。

```
if(score>=90)   cout<<"优秀"<<endl;
else if(score >=80)   cout<<"良好"<<endl;
else if(score >=70)   cout<<"中等"<<endl;
else if(score >=60)   cout<<"及格"<<endl;
else   cout<<"不及格"<<endl;
```

在使用 if 语句时，要注意以下几点。

（1）3 种形式的 if 语句都是由一个入口进来，经过对"表达式"的判断，分别执行相应的语句，最后归到一个共同的出口。

（2）if 语句中表达式的形式很灵活，一般是逻辑表达式或关系表达式，但也可以是常量、变量、任何类型的表达式、函数、指针等，只要表达式的值为非 0 值就为真，否则为假。

例如，"if (x=1) cout<<x;"中的表达式是赋值表达式，其值为 1，是非 0 值，因此表达式的值为真，其后的语句被执行。

（3）在 if 语句中，表达式必须用括号括起来，语句结束时必须有分号。

3 种形式中的 if 语句中，if 语句自动结合一个语句，如果想在满足条件时执行多个语句，则必须用花括号"{ }"将多个语句括起来组成一个复合语句。例如，

```
if(a>b)   { t=a; a=b; b=t;}          //条件为真时执行 3 个语句
```

如果写成：

```
if(a>b)   t=a; a=b; b=t;
```

则条件为真时只执行 t=a;这一个语句，后面两个语句的执行不受"a>b"条件的限制。

另外，使用 if 语句时，应避免不必要的条件测试，例如：

```
if(score>=90)   cout<<"优秀"<<endl;
if(score >=80 && score<90)   cout<<"良好"<<endl;
if(score >=70 && score<80)   cout<<"中等"<<endl;
if(score >=60 && score<70)   cout<<"及格"<<endl;
if(score<60)   cout<<"不及格"<<endl;
```

上面的程序在功能上是正确的，但是它的效率不高。例如，当 score 大于 90 时，它要对所有的 if 语句的条件进行测试，而实际上除了第一个 if 语句的条件测试外，其他 if 语句的条件测试都是多余的。因此，可把上面的程序段写成 if-else if 结构。

【例 3.8】 从键盘输入 3 个整数，求它们的最大值。

```
#include <cstdio>
using namespace std;
int main( )
{    int a,b,c,max;
     cout<<"请输入 3 个整数: "<<endl;
     cin>>a>>b>>c;                    //输入 3 个整数
     if(a>b)   max=a;                 //比较 a 和 b 的大小，大者赋值给 max
     else   max=b;
     if(c>max)   max=c;               //比较 c 和 max 的大小，如果 c 大，则 c 为最大值
     cout<<"最大值为: "<<max<<endl;
     return 0;
}
```

程序运行情况：

```
请输入 3 个整数：
65 27 84✓
最大值为: 84
```

在该程序中包含了两个 if 语句，第一个 if 语句是双分支选择语句，其作用是把 a 和 b 的大者赋给 max，第二个 if 语句是单分支选择语句，作用是比较 c 和 max 的大小，如果 c 大，则把 c 赋给 max，否则 max 的值不变。最后 max 的值为 a、b、c 三个数的最大值。

【例 3.9】 求三角形的面积，其中三条边的值从键盘输入。

分析：三角形的特性为任意两边之和大于第三边，因此从键盘输入的三个值不一定能构成三角形，需要根据特性进行判断。"任意两边之和大于第三边"可以用逻辑表达式 "(a+b>c && b+c>a && c+a>b" 表示。

具体程序如下。

```
#include <iostream>
#include <cmath>                      //使用数学函数时要包含头文件 cmath
#include <iomanip>                    //使用 I/O 流控制符要包含头文件 iomanip
using namespace std;
int main( )
{    double a,b,c;
     cout<<"请输入三角形的三条边: ";
     cin>>a>>b>>c;
     if(a+b>c && b+c>a && c+a>b)
```

```
    {  //复合语句开始
        double s,area;                              //在复合语句内定义变量，局部变量
        s=(a+b+c)/2;
        area=sqrt(s*(s-a)*(s-b)*(s-c));             //sqrt(x)函数的作用是求 x 的平方根
        cout<<setiosflags(ios::fixed)<<setprecision(2);  //指定输出 2 位小数
        cout<<"area="<<area<<endl;
    }//复合语句结束
    else
        cout<<"输入的三条边值不能构成三角形"<<endl;
    return 0;
}
```

程序运行情况：

请输入三角形的三条边：3.5 2.8 6.1↙
area=2.39

3.7.2　if 语句的嵌套

如果 if 语句中又包含一个或多个 if 语句，称之为 if 语句的嵌套。在有嵌套的 if 语句中，if 语句有不同的嵌套形式，其一般形式如下。

if(表达式)
　　if 语句
或者为：
if(表达式)
　　if 语句
else
　　if 语句

其中的 if 语句可以是之前介绍的任意一种 if 语句形式。采用嵌套结构实质上是为了进行多分支选择。嵌套内的 if 语句可能又是 if 型或 if-else 型的，这将会出现多个 if 和多个 else，这时要特别注意 if 和 else 的配对问题。例如：

```
if(表达式 1)
    if(表达式 2)   语句 1
    else if (表达式 3) 语句 2
    else  语句 3
```

其中有 3 个 if 和两个 else，else 究竟如何与 if 配对呢？应该理解为如下哪一种形式呢？

为了避免二义性，C++语言规定，else 总是与它前面最近的且尚未配对的 if 配对。因此，上面的例子应该按后一种形式理解。

注意：采用缩进格式有助于提高程序的可读性，但不能依靠缩进格式确定 if 和 else 的配对关系。为了确定 if 和 else 的配对关系，可用花括号显式表明匹配关系，不易出错。例如：

```
if(表达式1)
    {  if(表达式2) 语句1  }
else 语句2
```

这时花括号{ }限定了嵌套的 if 语句的范围，{ }外的 else 不会与{ }内的 if 配对。

【例 3.10】 求一元二次方程 $ax^2+bx+c=0$ 的根。

分析： 对于一元二次方程 $ax^2+bx+c=0$（$a\neq0$），当 $b^2-4ac\geq0$ 时，方程有实根：

$$x = \frac{-b \pm \sqrt{b^2 - 4ac}}{2a}$$

程序如下：

```
#include <iostream>
#include <cmath>                    //sqrt 函数在 cmath 中声明
#include <iomanip>                  //使用 I/O 流控制符要包含头文件 iomanip
using namespace std;
int main( )
{    double a,b,c,d,x1,x2;
     cout<<"请输入一元二次方程的系数："<<endl;
     cin>>a>>b>>c;
     if(a==0)
     {    cout<<"不是一元二次方程"<<endl;
          return;
     }
     d=b*b-4*a*c;
     if(d>=0)
         if(d>0)                     //嵌套的 if 语句
         {    x1=(-b+sqrt(d))/(2*a);
              x2=(-b-sqrt(d))/(2*a);
              cout<<"方程有两个不相等的实根：x1="<<x1<<",x2="<<x2<<endl;
         }
         else            //d==0
         {    x1=x2=-b/(2*a);
              cout<<"方程有两个相等的实根：x1=x2="<<x1<<endl;
         }
     else            //d<0
         cout<<"方程没有实根"<<endl;
     return 0;
}
```

程序运行情况：

```
请输入一元二次方程的系数：
2.5 8.2 3.6↙
方程有两个不相等的实根：x1=-0.522145,x2=-2.75786
```

3.7.3 条件运算符和条件表达式

若在 if 语句中，当被判别的表达式的值为"真"或"假"时，都执行一个赋值语句且给同一个变量赋值时，可以用简单的条件运算符来处理。例如，例 3.7 中的 if 语句如下：

```
if(a>b)   max=a;
else   max=b;
```

可以用条件运算符(? :)来处理：

```
max=(a>b)?a:b;
```

条件运算符是 C++中唯一的三目运算符，即有三个操作数参与运算。由条件运算符组成的条件表达式的一般形式为：

表达式 1? 表达式 2：表达式 3

表达式的求解顺序是：先求解表达式 1，若为真则求解表达式 2，此时表达式 2 的值就作为整个条件表达式的值。若表达式 1 的值为假，则求解表达式 3，表达式 3 的值就是整个条件表达式的值。

条件运算符的优先级高于赋值运算符，因此上面赋值表达式的求解过程是先求解条件表达式的值，其结果为 a 和 b 中的大者，再将条件表达式的值赋给 max。

条件运算符的结合性为自右向左。因此，表达式"a>b?a:c>d?c:d"应理解为"a>b?a: (c>d?c:d)"。

3.7.4 switch 语句

程序中有时需要根据某个表达式的值来从两个（两组）以上的语句中选择一个（一组）来执行，这时如果用 if 语句就显得很烦琐，它将会包含多个嵌套的 if 语句。为了解决这个问题，C++提供了 switch 语句用于实现多分支选择，它能根据表达式的值从多组语句中选择一组来执行。switch 语句的一般形式如下：

```
switch (表达式)
{   case  常量表达式 1：语句 1
    case  常量表达式 2：语句 2
    ……
    case  常量表达式 n：语句 n
    default：语句 n+1
}
```

switch 语句的执行过程：先计算表达式的值，然后判断是否存在与之相等的常量表达式 i，如果存在，则执行其后的语句 i；如果表达式的值与所有 case 子句中常量表达式的值都不相同，则执行 default 后面的语句 n+1。

在使用 switch 语句时，要注意以下几点。

（1）switch 后面括号内的表达式可以是整型表达式、字符表达式以及枚举类型的表达式。case 后面的数据必须是常量或常量表达式。

（2）case 后的各常量表达式的值不能相同，否则就会出现互相矛盾的现象。

（3）各个 case 和 default 子句的出现次序不影响执行结果。default 子句不是必须的，可有可无。

（4）case 后可以有多个语句，这些语句可以不用花括号{ }括起来。

（5）在执行 switch 语句时，根据 switch 表达式的值找到与之匹配的 case 子句，就从此 case 子句开始执行下去，不再进行判断。"case 常量表达式"只是起语句标号作用，并不是在该处进行条件判断。

例如，要求根据考试成绩的等级打印出百分制分数段，可以用 switch 语句实现。

```
char grade='A';
switch(grade)
{
    case 'A': cout<<"85~100\n";
    case 'B': cout<<"70~84\n";
    case 'C': cout<<"60~69\n";
    case 'D': cout<<"<60\n";
    default : cout<<"error\n";
}
```

该程序将连续输出：

```
85~100
70~84
60~69
<60
error
```

因此，应该在执行一个 case 子句后，使流程跳出 switch 结构，即终止 switch 语句的执行。在 case 的语句后加上 break 语句可以使程序流程跳出 switch 语句。可将上面的 switch 语句改写成如下形式：

```
switch(grade)
{
    case 'A': cout<<"85~100\n";break;
    case 'B': cout<<"70~84\n";break;
    case 'C': cout<<"60~69\n";break;
    case 'D': cout<<"<60\n";break;
    default : cout<<"error\n";break;
}
```

程序执行后只输出"85~100"。

最后一个子句（default）可以不加 break 语句。

（6）多个 case 可以共用一组执行语句。例如，

```
...
case 'A':
case 'B':
case 'C': cout<<">60\n";break;
...
```

当 grade 的值为'A'、'B'或'C'时，都执行同一组语句。

3.7.5　选择结构程序设计

【例 3.11】 将三个整数从大到小排序。

```cpp
#include <iostream>
using namespace std;
int main( )
{
    int a,b,c,t;
    cout<<"请输入三个整数";
    cin>>a>>b>>c;
    if(a<b)    { t=a;a=b;b=t; }          //将 a、b 中的大数存入 a 中，小数存入 b 中
    if(a<c)    { t=a;a=c;c=t; }          //将 a、c 中的大数存入 a 中，小数存入 c 中
    if(b<c)    { t=b;b=c;c=t; }          //将 b、c 中的大数存入 b 中，小数存入 c 中
    cout<<a<<","<<b<<","<<c<<endl;
    return 0;
}
```

【例 3.12】 计算某年某月的天数。

分析：根据历法，1、3、5、7、8、10、12 各月有 31 天，4、6、9、11 各月有 30 天，2 月按闰年有 29 天，非闰年为 28 天。其中闰年的条件为满足以下两者之一：（1）年份是 4 的倍数但不是 100 的倍数；（2）年份是 400 的倍数。

```cpp
#include <iostream>
using namespace std;
int main( )
{
    int year,month,days;
    cout<<"请输入年份和月份：";
    cin>>year>>month;
    switch(month)
    {
    case 1:  case 3:   case 5:  case 7:    case 8:  case 10:    case 12:
        days=31;
        break;
    case 4:    case 6:    case 9:    case 11:
        days=30;
        break;
    case 2:
        if(year%4==0&&year%100!=0 || year%400==0)
            days=29;
        else
            days=28;
    }
    cout<<year<<"年"<<month<<"月的天数是："<<days<<endl;
    return 0;
}
```

3.8 循环结构

在实际问题中，经常需要反复执行相同的操作。例如，输入 10 个数，然后求它们的总和或排序等，这就要用到循环控制。循环结构是结构化程序设计的 3 种基本结构之一，它和前面介绍的顺序结构、选择结构结合起来可以解决几乎所有的复杂问题。

循环是对同一程序段有规律地重复执行。循环一般由 4 个部分组成。

（1）循环初始化。

（2）循环条件。

（3）循环体。

（4）下一次循环准备。

其中，循环初始化用于为重复执行的语句提供初始数据；循环条件表示重复操作需要满足的条件（继续或终止循环）；循环体是指要重复执行的语句；下一次循环准备是为下一次循环准备数据。

循环结构的特点是：循环体执行与否以及执行次数必须视条件而定，且必须能在达到一定的条件时退出循环。因此，循环不能无限制地执行，每一次循环操作都应该有使循环结束条件趋于满足的语句，否则将会出现"死循环"，即循环永不终止。

C++提供了 3 种实现重复操作的循环语句：while、do-while 和 for 语句。这 3 种循环语句在表达能力上是等价的，用其中一种循环语句表示的循环操作一定能用另外两种循环语句表示，只不过在解决某个具体问题时，用其中的一种可能会比其他两种更自然、更方便。下面将分别介绍这 3 种循环语句。

3.8.1 while 语句

while 语句的一般形式为：

```
while (表达式)
    语句
```

其中，表达式可以是任意表达式，通常为关系或逻辑表达式，它表示循环条件。语句是一个任意的语句，可以是简单语句，也可以是复合语句，它构成了循环体。while 语句的执行流程如图 3-12 所示，当表达式的值为真（非 0）时，重复执行语句，否则结束循环。

while 语句的执行过程是先判断表达式，当表达式的值为真时执行语句，因此 while 循环也称为当型循环。如果表达式的值一开始就为假时，循环体语句可能一次也不被执行。

【例 3.13】 用 while 循环语句求 1～100 所有整数的和。

分析：对于该问题，可以定义两个变量 sum 和 i，sum 用于存储求和的结果，其初始值为 0，然后让 i 依次取 1、2、3、…、100，并把它累加到 sum 上。用流程图表示算法如图 3-13 所示。程序如下。

```cpp
#include <iostream>
using namespace std;
int main( )
```

```
{
    int sum=0,i=1;          //循环初始化
    while(i<=100)           //循环条件
    {                       //循环体开始
        sum=sum+i;          //把 i 的值加到 sum 中
        i++;                //下一次循环准备
    }                       //循环体结束
    cout<<"sum="<<sum<<endl;
    return 0;
}
```

程序运行结果：

```
sum=5050
```

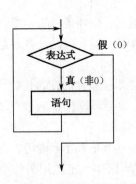

图 3-12   while 语句的执行流程

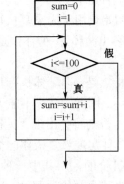

图 3-13   用 while 语句求 1～100 的和

例 3.13 的程序重复执行 "sum=sum+i;" 和 "i++;"，直到 i>100。需要注意的是，当循环体包含多个语句时，应该用花括号{ }括起来，用复合语句表示。

while 语句显式地描述了循环条件，但循环初始化必须在 while 语句之前，下一次循环的准备在循环体中给出，循环体应有使循环趋于结束的语句。

【例 3.14】 输入两个正整数，求它们的最大公约数和最小公倍数。

分析：求两个正整数 m、n 的最大公约数可以用"辗转相除法（欧几里得算法）"，算法步骤如下。

（1）比较 m、n，并将较大的数存放在 m 中。

（2）计算 m 除以 n 所得的余数 r，即 r=m%n。

（3）若 r≠0，则令 m=n，n=r，重复步骤（2）和步骤（3）。若 r=0，则 n 为最大公约数，结束循环。

求最小公倍数只需将两数相乘再除以最大公约数。

```
#include <iostream>
using namespace std;
int main( )
{
    int m,n,r,t,m1, n1;
    cout<<"请输入两个正整数:";
    cin>>m>>n;
```

```
        m1=m;
        n1=n;                          //保存原始数据供输出使用
        if(m<n)
        {    t = m; m = n; n = t;    }  //交换 m 和 n，确保 m>n
        r=m%n;
        while(r!=0)
        {
            m=n;                       //辗转相除
            n=r;
            r=m%n;
        }
        cout<<m1<<"和"<<n1<<"的最大公约数是"<<n<<"\t 最小公倍数是"<<m1*n1/n;
        return 0;
}
```

3.8.2　do-while 语句

do-while 语句的一般形式为：

do
　语句
while (表达式);　　　　　　//注意表达式后面的分号不能缺少

　　其中，表达式与语句的含义与 while 语句中的含义相同。do-while 语句的执行流程如图 3-14 所示，先执行语句，再判断表达式，若表达式的值为真（非 0），再次执行循环体语句，如此反复，直到表达式的值为假（0）为止。

　　do-while 语句的含义与 while 语句类似，不同之处在于：do-while 的循环体至少要执行一次。因为 do-while 循环先执行语句，再判断表达式，因此 do-while 循环也称为直到型循环。

　　【例 3.15】　用 do-while 循环语句求 1～100 所有整数的和。

　　分析：用 do-while 语句实现该题的求解，定义的变量与例 3.13 相同，只是程序流程有所不同，算法流程图如图 3-15 所示。程序如下：

```
#include <iostream>
using namespace std;
int main( )
{
    int sum=0,i=1;         //循环初始化
    do
    {
        sum=sum+i;         //把 i 的值加到 sum 中
        i++;               //下一次循环准备
    }while(i<=100);        //循环条件
    cout<<"sum="<<sum<<endl;
    return 0;
}
```

程序运行结果与例 3.13 相同。

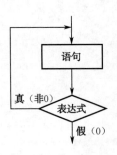

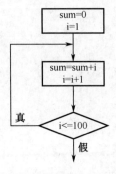

图 3-14　do-while 语句的执行流程　　　　图 3-15　用 do-while 语句求 1～100 之和的流程图

【例 3.16】　有一类数字，它们顺着看和倒着看是相同的数，例如 313、828、1221 等，这样的数字称为回文数。编写程序，判断输入的整数是否是回文数。

分析：该问题的核心是要计算输入数据的倒置数。假设输入数据 n 表示为 $10^{n-1}a_{n-1}+10^{n-2}a_{n-2}+\cdots+10^2a_2+10a_1+a_0$，则它的倒置数应该是 $10^{n-1}a_0+10^{n-2}a_1+10^{n-3}a_2+\cdots+10a_{n-2}+a_{n-1}$，因此要计算倒置数，关键是要分离出整数 n 每一位上的数字 a_i。先将 n%10 得到 a_0，再将 n/10 得到 $n=10^{n-2}a_{n-1}+10^{n-3}a_{n-2}+\cdots+10a_2+a_1$，然后将 n%10 得到 a_1，n/10 得到 $n=10^{n-3}a_{n-1}+10^{n-4}a_{n-2}+\cdots+10a_3+a_2$，同时将 a_0 乘以 10 加上 a_1，得到 $m=10a_0+a_1$。接着将 n%10 得到 a_2，n/10 得到 $n=10^{n-4}a_{n-1}+10^{n-5}a_{n-2}+\cdots+10a_4+a_3$，同时将 m 乘以 10 加上 a_2，得到 $m=10^2a_0+10a_1+a_2$，不断重复以上过程，直到 n<=0。算法描述如下：

（1）m=0。

（2）m=m*10+n%10。

（3）n=n/10。

（4）重复步骤（2）和步骤（3）直到 n<=0。

程序如下：

```cpp
#include <iostream>
using namespace std;
int main( )
{
    int m,n,t;
    cout<<"请输入一个整数:";
    cin>>n;
    t=n;
    m=0;
    do{
        m=m*10+n%10;    //求 n 的倒置数 m
        n=n/10;
    }while(n>0);
    if(m==t)
        cout<<t<<"是回文数"<<endl;
    else
        cout<<t<<"不是回文数"<<endl;
    return 0;
}
```

3.8.3 for 语句

for 语句的一般形式为:

> **for(表达式 1;表达式 2;表达式 3)**
> 　语句

其中,表达式 1、表达式 2 和表达式 3 可以是任意表达式。通常情况下,表达式 1 为赋值表达式,表达式 2 为关系或逻辑表达式,表达式 3 为自增、自减表达式。语句是一个任意的语句,可以是简单语句,也可以是复合语句,它构成了循环体。for 语句的执行流程如图 3-16 所示。

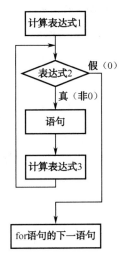

图 3-16　for 语句的执行流程图

for 语句的执行过程如下。

(1)先计算表达式 1。

(2)计算表达式 2,若其值为真(非 0),则执行循环体语句,然后执行下面第(3)步。若为假(0),则结束循环,转到第(5)步。

(3)计算表达式 3。

(4)转向第(2)步骤继续执行。

(5)结束循环,执行 for 语句下面的语句。

for 语句最简单的形式也是最容易理解的形式如下:

> **for(循环变量赋初值;循环条件;循环变量增值)**
> 　语句

例如,例 3.13 和例 3.15 的问题可用 for 语句实现:

```
for(sum=0,i=1;i<=100;i++)
    sum=sum+i;
```

for 语句结构简洁,使用方便灵活,在使用时需要注意以下几点。

(1)for 语句的表达式 1 可以省略,此时应在 for 语句之前给循环变量赋初值。例如:

```
int sum=0,i=1;
for(;i<=100;i++)
    sum=sum+i;
```

（2）如果表达式 2 省略，则认为循环条件始终为真，循环将无终止地执行。此时，在循环体内应有使循环结束的语句。例如：

```
for(sum=0,i=1;;i++)
{
    if(i>100)   break;     //当 i 值大于 100 则结束循环
    sum=sum+i;
}
```

关于 break 语句的用法将在第 3.10.2 节进行介绍。

（3）表达式 3 也可以省略，此时，在循环体内应有使循环趋于结束的语句。例如：

```
for(sum=0,i=1;i<=100;)
    {   sum=sum+i;   i++;   }
```

（4）可以省略表达式 1 和表达式 3，只有表达式 2，即只给循环条件。例如：

```
for(;i<=100;)
    {   sum=sum+i;   i++;   }
```

这种情况等同于 while 语句：

```
while(i<=100)
    {   sum=sum+i;   i++;   }
```

（5）3 个表达式都可以省略，但分号不能省略。例如：

```
for(; ;)  语句;
```

表达式 2 省略被认为是循环条件为真，因此等同于"while(1) 语句"。

（6）表达式 1 可以是设置循环变量初值的赋值表达式，也可以是与循环变量无关的其他表达式。例如：

```
for(sum=0; i<=100; ;i++)
```

表达式 3 也可以是与循环控制无关的任意表达式。例如：

```
for(sum=0,i=0;i<=99; sum=sum+i)   i++;
```

表达式 1 和表达式 3 可以是一个简单的表达式，也可以是逗号表达式。例如：

```
for(i=0, j=100; i<=j; i++, j--)
    k=i+j;
for(i=1; i<=100; i++, i++)
    sum=sum+i;   //等价于 for(i=1; i<=100; i+=2)   sum=sum+i;
```

（7）表达式 2 一般是关系表达式或逻辑表达式，但也可以是数值表达式或字符表达式，只要其值为非零，就执行循环体。例如以下程序段：

```
int sum=0,n;
cin>>n;
```

```
for(;n;)
{
        sum=sum+n;
        cin>>n;
}
```

其中的表达式 2 为数值表达式，等价于 n!=0，程序的作用是循环从键盘输入若干整数，统计它们的和，直到输入 0 为止。

for 语句功能强大，使用灵活方便，可以把与循环变量无关的操作、循环体和一些与循环控制无关的操作作为表达式 1 或表达式 3，这样程序可以短小简洁。但过分地利用这一特点会使 for 语句显得杂乱，可读性降低，建议不要把与循环控制无关的内容放到 for 语句中。

3.9 循环的嵌套

在一个循环体内又包含另一个完整的循环结构，称为循环的嵌套。前面介绍的 3 种循环语句都可以互相嵌套。在循环体内还可以多层嵌套，称为多重循环。循环嵌套的执行过程是外层循环每执行一次，内层循环必须执行完成（即内层循环结束），才能进入外层循环的下一次循环。例如，以下都是正确的嵌套循环形式：

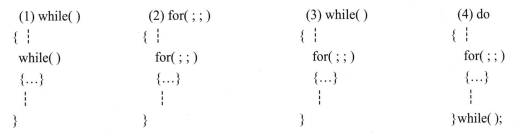

【例 3.17】 打印九九乘法表。

分析：本例采用双重循环，逐行输出。九九乘法表共有 9 行，因此，外循环次数为 9。而每行输出的等式个数与行号有关，如第 1 行输出 1 个等式，第 2 行输出 2 个等式，依此类推，若行号用 i 表示，则第 i 行有 i 个等式，所以内循环次数与行号有关，从 1 变化到 i。

```
#include <iostream>
using namespace std;
int main( )
{    int i,j;
     for(i=1;i<=9;i++)
     {    for(j=1;j<=i;j++)
               cout<<j<<"*"<<i<<"="<<i*j<<"   ";
          cout<<endl;
     }
     return 0;
}
```

程序运行结果：

```
1*1=1
1*2=2    2*2=4
1*3=3    2*3=6    3*3=9
1*4=4    2*4=8    3*4=12   4*4=16
1*5=5    2*5=10   3*5=15   4*5=20   5*5=25
1*6=6    2*6=12   3*6=18   4*6=24   5*6=30   6*6=36
1*7=7    2*7=14   3*7=21   4*7=28   5*7=35   6*7=42   7*7=49
1*8=8    2*8=16   3*8=24   4*8=32   5*8=40   6*8=48   7*8=56   8*8=64
1*9=9    2*9=18   3*9=27   4*9=36   5*9=45   6*9=54   7*9=63   8*9=72   9*9=81
```

以上程序包含了双重循环，外循环次数为 9，对于每一次外循环，它的循环体包含两个语句，其中一个为 for 语句，用于输出每行的各个等式，另一个为输出语句，含义是在每行等式输出完后进行换行。

3.10 跳转语句

C++提供的无条件跳转语句有 goto、break、continue 以及 return。本节将介绍前 3 个语句，return 语句将在第 4 章介绍。

3.10.1 goto 语句

goto 语句的格式为：

goto 语句标号；

其中，语句标号为标识符，它是在某语句的前面定义的，其定义格式为：

语句标号：语句

上述语句称为带标号的语句。

goto 语句的作用是跳转到带有相应语句标号的语句处。

goto 语句是一种最原始的程序流程控制语句，它和 if 语句配合使用可以实现所有的流程控制。

【例 3.18】 用 if 语句和 goto 语句构成循环求 1～100 所有整数的和。

```cpp
#include <iostream>
using namespace std;
int main( )
{
    int sum=0,i=1;
loop:
    sum=sum+i;
    i++;
    if(i<=100) goto loop;
    cout<<"sum="<<sum<<endl;
    return 0;
}
```

goto 语句虽然灵活，但是，由于 goto 语句使程序的执行流程无条件地跳转到语句标号后的语句继续执行，因此使用 goto 语句不符合结构化程序设计准则（单入口/单出口），使程序结构无规律、可读性差、不易于维护。因此，结构化程序设计不提倡用 goto 语句。

3.10.2 break 语句

break 语句可以用在 switch 语句和循环语句中，break 语句用在 switch 语句中可以使程序流程跳出 switch 语句。break 语句用在循环语句中，其作用是结束当前循环，跳出 break 语句所在的循环结构，继续执行循环语句后面的语句。

break 语句的一般格式为：

```
break;
```

注意：break 语句只能用于循环语句和 switch 语句内，不能单独使用或用于其他语句中。在多重循环中使用 break 语句时，只能退出 break 语句所在层的循环。

【例 3.19】 从键盘输入一个整数，判断其是否为素数。

分析：素数指的是除了 1 和它本身之外不能被其他整数整除的自然数。根据素数的定义，让输入的数 m 依次被 2~m-1 中的数除，如果不能被其中的任何一个整数整除，则说明 m 是素数，反之，如果 m 能被其中的一个数整除，则说明 m 不是素数。

```
#include <iostream>
using namespace std;
int main( )
{
    int m,i;
    cin>>m;
    for(i=2;i<m;i++)
        if(m%i==0)              //若 m 能被 2~m-1 中的任一整数整除，则 m 不是素数，退出循环
        { cout<<m<<"不是素数"<<endl;
            break;
        }
    if(i==m)                    //循环结束时，若 i==m，则 m 是素数
        cout<<m<<"是素数"<<endl;
}
```

除了以上根据定义来判断素数外，还可以让 m 依次被 2~$\sqrt{m}$（或 2~m/2）中的数除。

思考：如果要找出 a~b 之间的全部素数并输出，应该如何解决？

3.10.3 continue 语句

continue 语句的一般格式为：

```
continue;
```

continue 语句只能用在循环语句中，其作用为结束本次循环，即跳过循环体中 continue 语句之后的语句，准备进入下一次循环。对于 while 语句和 do-while 语句，continue 语句将使流程转到循环条件的判断；对于 for 语句，continue 语句将使流程转到计算表达式 3，然后计算表

达式 2，并根据表达式 2 的结果来决定是否继续执行循环。

continue 语句和 break 语句的区别是：continue 语句只结束本次循环，而不是终止整个循环的执行。而 break 语句则是结束整个循环过程，不再判断执行循环的条件是否成立。

【例 3.20】 求 1~100 所有偶数的和。

```cpp
#include <iostream>
using namespace std;
int main( )
{
    int sum,i;
    for(sum=0,i=1;i<=100;i++)
    {
        if(i%2!=0)        //若 i 为奇数则跳过下面的语句，继续下一次循环
            continue;
        sum=sum+i;
    }
    cout<<"sum="<<sum<<endl;
    return 0;
}
```

【例 3.21】 从键盘输入若干整数并求它们的和、最大值与最小值，要求输入以-1 结束。

分析：这是一个循环求和的问题，但是由于在循环之前不知道循环的次数，它必须要根据每一次从键盘输入的值是否为-1 来决定，这时，循环体是否执行需要依赖上一次循环操作的结果，上次循环的执行导致循环条件不满足而终止循环，这类问题可以用 while 语句实现。求一组数的最大值或最小值可以用"打擂台"算法，先将其中第一个数作为最大数，再依次将其他数与最大数进行比较，并用较大的数替换原来的最大数。

```cpp
#include <iostream>
using namespace std;
int main( )
{
    int n,sum=0,max,min;
    cout<<"请输入若干个整数（以-1 结束):"<<endl;
    cin>>n;
    max=n;
    min=n;
    while(n!=-1)
    {
        sum+=n;
        if(n>max)
            max=n;
        if(n<min)
            min=n;
        cin>>n;
    }
    cout<<"sum="<<sum<<"\tmax="<<max<<"\tmin="<<min<<endl;
    return 0;
}
```

程序运行情况：

请输入若干个整数（以-1 结束）：
10 34 23 65 12 27 -1↙
sum=171　max=65　min=10

【例 3.22】 用公式求π的近似值：π/4≈1-1/3+1/5-1/7+…直到最后一项的绝对值小于 10^{-7} 为止。

分析： 要利用给出的公式计算π的近似值这一问题可以转换成依次计算式子右边各项的值，然后把它们累加起来。经过分析发现，后一项的分母为前一项的分母加 2，后一项的分子为前一项分子的相反数。因此，可以用循环依次计算各项的值，直到最后一项的绝对值小于 10^{-7}。

```cpp
#include <iostream>
#include <iomanip>
#include <cmath>
using namespace std;
int main( )
{
    int s=1;
    double n=1,t=1,pi=0;
    while((fabs(t))>1e-7)
    {
        pi=pi+t;
        n=n+2;
        s=-s;
        t=s/n;
    }
    pi=pi*4;
    cout<<"pi="<<setiosflags(ios::fixed)<<setprecision(6)<<pi<<endl;
    return 0;
}
```

程序运行结果：

pi=3.141592

思考： 能否把 n 定义为整型变量？

【例 3.23】 计算 sum= 1!+ 2!+ 3!+ …+ n!，要求得到 sum 刚超过 1000 时的值。

分析： 本题涉及的累乘与累加操作是一个重复的过程，可用循环实现。n!=(n-1)!*n= 1*2*3*…*n，因此在循环过程中先求 1!，再将 1!乘以 2 得到 2!，同时将其与 1!相加得到 1!+2!，然后将 2!乘以 3 得到 3!，再将 3!与 1!+2!相加得到 1!+2!+3!，依此类推，直到阶乘和大于 1000。

```cpp
#include <iostream>
using namespace std;
int main( )
{
    int i=0,f=1,sum=0;
    do{
        i++;
```

```
            f=f*i;
            sum=sum+f;
        }while(sum<=1000);
        cout<<"i="<<i<<",sum="<<sum<<endl;
        return 0;
    }
```

【例 3.24】 求斐波那契（Fibonacci）数列的前 n 项并输出。斐波那契数列的定义如下：

$$Fib(n)=\begin{cases}1 & (n=1)\\1 & (n=2)\\Fib(n-2)+Fib(n-1) & (n\geq3)\end{cases}$$

分析：本题可采用递推算法，该算法将复杂问题转换为若干简单过程的重复执行。从斐波那契数列的定义可以看出，除了第一和第二个数外，其他数都是前两个数的和，这样，要计算数列的第 n 项，必须先依次计算前面所有的 n-1 项，这里的"依次"就体现为一个循环。在每计算出一个数时，把新计算出的数和前一个数记录下来，以便计算下一个数。

```
#include <iostream>
#include <iomanip>
using namespace std;
int main( )
{
    int n,i;
    long f1=1,f2=1,f3;          //f1 表示第 1 个数，f2 表示第 2 个数
    cout<<"请输入项数：";
    cin>>n;
    cout<<setw(12)<<f1<<setw(12)<<f2;
    for(i=3;i<=n;i++)           //循环计算第 3、4、…、n 个数
    {
        f3=f1+f2;              //计算新的数
        cout<<setw(12)<<f3;
        if(i%5==0)             //每输出完 5 个数后换行
            cout<<endl;
        f1=f2;                //记住前一个数
        f2=f3;                //记住新的数
    }
    return 0;
}
```

程序运行情况：

请输入项数：20↙

1	1	2	3	5
8	13	21	34	55
89	144	233	377	610
987	1597	2584	4181	6765

【例 3.25】 "百钱买百鸡"问题。公鸡 5 元 1 只，母鸡 3 元 1 只，小鸡 1 元 3 只，用 100 元钱买 100 只鸡，问公鸡、母鸡和小鸡各买了多少只？编程列出所有可能的购鸡方案。

分析：设公鸡 x 只，母鸡 y 只，小鸡 z 只，根据题意列出方程组为：

$$\begin{cases} x+y+z=100 \\ 5x+3y+z/3=100 \end{cases}$$

该方程组中有三个未知数，属于三元一次不定方程组，此题有若干个解，解决此类问题可采用穷举法（也称枚举法）。穷举法的基本思想是在可能的解空间中穷举出每一种可能的解，并对每一种可能的解进行测试和判断，从中得到满足条件的解。穷举法一般采用循环来实现。

由于公鸡 5 元 1 只，所以 100 元最多买 20 只，所以 x 在[0,20]范围内；由于母鸡 3 元 1 只，所以 y 在[0,33]范围内，而 z 应该是 3 的倍数，在[0,99]范围内。可利用三重循环对变量 x、y、z 进行穷举，判断各种可能的组合是否满足条件：$x+y+z=100$ && $5x+3y+z/3=100$。

程序如下：

```cpp
#include <iostream>
using namespace std;
int main( )
{
    int x,y,z;
    for(x=0;x<=20;x++)
            for(y=0;y<=33;y++)
                    for(z=0;z<=99;z+=3)
                        if(x+y+z==100 && 5*x+y*3+z/3==100)
                                cout<<x<<","<<y<<","<<z<<endl;
    return 0;
}
```

程序运行结果：

```
0,25,75
4,18,78
8,11,81
12,4,84
```

3.11　本章小结

算法是解决问题的方法和步骤。程序设计工作主要包括数据结构和算法设计。顺序结构、选择结构和循环结构是程序设计中的 3 种基本控制结构，由这 3 种基本结构描述的算法，可以解决任何复杂的问题。本章主要介绍了 C++的语句类型、C++的输入输出方法以及程序的流程控制语句——选择语句和循环语句，并通过丰富的例子介绍了这些语句的使用方法，还介绍了一些常用的算法以及程序设计的思路。

习题三

一、选择题

1. 下列关于 switch 语句的描述中，正确的是_____。

A）switch 语句中 default 子句可以没有，也可以有一个

B）switch 语句中每个语句序列中必须有 break 语句

C）switch 语句中 default 子句只能放在最后

D）switch 语句中 case 子句后面的表达式只能是整型表达式

2．下列关于 break 语句的描述中，不正确的是_____。

A）break 语句可用于循环体内，它将退出该重循环

B）break 语句可用于 switch 语句中，它将退出 switch 语句

C）break 语句可用于 if 语句内，它将退出 if 语句

D）break 语句在一个循环体内可以出现多次

3．下列 for 循环的循环体执行次数为 _____。

```
for(int i=0,x=0;!x&&i<=5;i++)
```

A）5　　　　　　　　B）6　　　　　　　　C）1　　　　　　　D）无限

4．下列 while 循环的循环体执行次数为 _____。

```
while(int i=0)   i--;
```

A）0　　　　　　　　B）1　　　　　　　　C）5　　　　　　　D）无限

5．下列 for 循环的循环体执行次数为 _____。

```
for(i=1,j=6;++i!=--j;)   s=i+j;
```

A）2　　　　　　　　B）3　　　　　　　　C）4　　　　　　　D）无限

二、写出下列程序的运行结果

1.
```cpp
#include <iostream>
using namespace std;
int main( )
{
    int i,j;
    for(i=1;i<=4;i++)
    {
    for(j=0;j<2*i-1;j++)
        cout<<"*";
    cout<<endl;
    }
    return 0;
}
```

2．假定输入 10 个整数：32，64，53，87，54，32，98，56，98，83。程序运行结果为_____。

```cpp
#include <iostream>
using namespace std;
int main( )
{ int a,b,c,x;
    a=b=c=0;
```

```
        for (int k=0; k<10; k++)
    {   cin>>x;
        switch(x%3)
        {   case 0: a+=x; break;
            case 1: b+=x; break;
            case 2: c+=x; break;
        }
    }
        cout<<a<<","<<b<<","<<c<<endl;
        return 0;
}
```

三、编程题

1．已知圆柱的底面半径和高，求圆柱的底面积、体积和表面积。

2．从键盘输入一个三位数，求该数个位、十位、百位上的数之和。

3．假设 0～6 分别代表星期天至星期六，从键盘输入任意整数，若在 0～6 内则将相应的星期几输出，否则显示"输入数据不在 0～6 范围内"。

4．某商场给顾客的折扣率如下：

购物金额<1000 元，不打折。

1000 元<=购物金额<2000 元，9.5 折。

2000 元<=购物金额<3000 元，9 折。

3000 元<=购物金额<5000 元，8.5 折。

购物金额>=5000 元，8 折。

编写程序输入购物金额，输出打折率、实际付款金额。（要求用 switch 语句编写）

5．编写程序求 1!+3!+5!+7!+9!。

6．编写程序，计算下列公式中 s 的值（n 是运行程序时输入的一个正整数）。

$s=1^2+2^2+3^2+\cdots+n^2$

$s=1+(1+2)+(1+2+3)+\cdots+(1+2+3+\cdots+n)$

$s=2+22+222+\cdots+222+\cdots+2 \ (n \text{ 个 } 2)$

$s=\dfrac{1}{1!}+\dfrac{1}{2!}+\dfrac{1}{3!}+\cdots+\dfrac{1}{n!}$

$s=\dfrac{1}{1\times2}-\dfrac{1}{2\times3}+\dfrac{1}{3\times4}-\dfrac{1}{4\times5}+\cdots+\dfrac{(-1)^{n-1}}{n\times(n+1)}$

7．利用公式 $\dfrac{\pi}{2}\approx1+\dfrac{1}{3}+\dfrac{1}{3}\times\dfrac{2}{5}+\dfrac{1}{3}\times\dfrac{2}{5}\times\dfrac{3}{7}+\dfrac{1}{3}\times\dfrac{2}{5}\times\dfrac{3}{7}\times\dfrac{4}{9}$ 计算圆周率 π 的近似值，直到最后一项的值小于 10^{-6}。

8．求数列 $\dfrac{1}{2},\dfrac{3}{4},\dfrac{7}{8},\dfrac{15}{16},\dfrac{31}{32},\ldots$ 的前 10 项之和。

9．猴子吃桃问题。猴子第一天摘下若干个桃子，当即吃了一半，还不过瘾，又多吃了一个。第二天早上将剩下的桃子吃掉一半，又多吃了一个。以后每天早上都吃前一天剩下的一半再加一个。到第 10 天早上想再吃时，发现只剩下一个桃子了，求猴子第一天共摘了多少个桃子？

10. 已知 $abc+cba=1333$，其中 a、b、c 均为一位数，编写一个程序求出 a、b、c 分别代表什么数字？

11. 一个三位数，如果它的各位数字立方和等于该数本身，该三位数称为水仙花数。例如，153 是一个水仙花数，因为 $153=1^3+5^3+3^3$。编写程序输出所有的水仙花数。

第4章

函数

4.1 概述

C/C++语言中的函数相当于其他高级语言的子程序。C/C++语言不仅提供了极为丰富的库函数，还允许用户自己定义函数。用户可把自己的算法编成一个个相对独立的函数，然后调用这些函数。

在 C/C++语言中可从不同的角度对函数分类。

从函数定义的角度看，函数可分为**库函数**和**用户定义函数**两种。

（1）**库函数**：由 C/C++系统提供，用户无须定义，也不必在程序中进行类型说明，只需在程序前包含有该函数原型的头文件即可在程序中直接调用，在前面各章出现的 printf、scanf、getchar、putchar、gets、puts、strcat 等函数均属此类。

（2）**用户定义函数**：由用户根据需要写的函数。对于用户自定义函数，不仅要在程序中定义函数本身，而且在主调函数模块中还必须对该被调函数进行类型说明，然后才能使用。

C/C++语言的函数兼有其他语言中函数和过程两种功能，从这个角度看，又可把函数分为有返回值函数和无返回值函数两种。

（1）**有返回值函数**：此类函数被调用执行完后将向调用者返回一个执行结果，称为函数返回值，如数学函数即属于此类函数。由用户定义的这种要返回函数值的函数，必须在函数定义和函数说明中明确返回值的类型。

（2）**无返回值函数**：此类函数用于完成某项特定的处理任务，执行完成后不向调用者返回函数值。这类函数类似于其他语言的过程。由于函数无须返回值，用户在定义此类函数时可指定它的返回为"空类型"，空类型的说明符为"void"。

从主调函数和被调函数之间数据传送的角度看，函数又可分为无参函数和有参函数两种。

（1）**无参函数**：函数定义、函数说明及函数调用中均不带参数，主调函数和被调函数之间不进行参数传送。此类函数通常用来完成一组指定的功能，可以返回或不返回函数值。

（2）**有参函数**：也称为带参函数。在函数定义及函数说明时都有参数，称为形式参数（简称为形参）。在函数调用时也必须给出参数，称为实际参数（简称为实参）。进行函数调用时，主调函数将把实参的值传送给形参，供被调函数使用。

C/C++语言提供了极为丰富的库函数，这些库函数又可从功能角度分为以下几类。

（1）字符类型分类函数：用于对字符按 ASCII 码分类，可分为字母、数字、控制字符、分隔符、大小写字母等。

（2）转换函数：用于字符或字符串的转换；在字符类型和各类数值类型（整型、实型等）之间进行转换；在大、小写之间进行转换。

（3）目录路径函数：用于对文件目录和路径进行操作。

（4）诊断函数：用于内部错误检测。

（5）图形函数：用于屏幕管理和各种图形功能。

（6）输入输出函数：用于完成输入输出功能。

（7）接口函数：用于与 DOS、BIOS 和硬件的接口。

（8）字符串函数：用于字符串操作和处理。

（9）内存管理函数：用于内存管理。

（10）数学函数：用于数学函数计算。

（11）日期和时间函数：用于日期、时间转换操作。

（12）进程控制函数：用于进程管理和控制。

（13）其他函数：用于其他各种功能。

以上各类函数不仅数量多，而且有的还需要硬件知识才会使用，因此要想全部掌握则需要一个较长的学习过程，应首先掌握一些最基本、最常用的函数，再逐步深入。由于课时关系，我们只介绍了很少一部分库函数，其余部分读者可根据需要查阅有关手册。

还应该指出的是，在 C/C++语言中，所有的函数定义，包括主函数 main 在内，都是平行的。也就是说，在一个函数的函数体内，不能再定义另一个函数，即不能嵌套定义。但是函数之间允许相互调用，也允许嵌套调用。习惯上把调用者称为主调函数，被调用者称为被调函数。函数还可以自己调用自己，称为递归调用。

main 函数是主函数，它可以调用其他函数，但其他函数不允许被调用 main 函数。因此，C/C++程序的执行总是从 main 函数开始，完成对其他函数的调用后再返回到 main 函数，最后由 main 函数结束整个程序。一个 C/C++源程序必须有且只能有一个主函数 main。

4.2 引例

这一章主要介绍用户函数的定义和调用，下面是用户函数定义的一个引例。

数学中的函数，可以表示为

$$y=f(x), x \in X, y \in Y$$

其中，x 表示自变量，y 表示因变量，f 表示 x 与 y 的对应法则，X 表示定义域（自变量 x 的取值范围），而 Y 表示值域。如果 x 在定义域 X 中任意取定一个值 x，并将其代入上述函数 $y=f(x)$ 中，则在值域 Y 中就可得到相应的函数值 y。例如我们熟悉的一元二次函数，数学表达为：

$$y=ax^2+bx+c，x\in R，y\in R$$

或 $$f(x)=ax^2+bx+c，x\in R，f(x)\in R$$

如果让 x 在 R 中取一个值，例如 2，则该函数的函数值为：

$$y=a*2^2+2*b+c，y\in R$$

或 $$f(2)=a*2^2+2*b+c，f(2)\in R$$

在 C++中，表示函数的形式和数学中有所不同，定义域和值域、自变量和因变量的对应法则等要按照 C++的语法和规则加以定义或者声明，并且编制程序加以实现。对于上述的二次函数，C++是这样表示的：

```
double f(double a，double b， double c，double x）
{    double y;
     y=a*x*x+b*x+c;
     return y;
}
```

其中，double a、double b、 double c 等是对函数系数取值范围和精度的指定，double x 是对 x 取值范围和精度的指定，也就是规定函数的定义域和指定自变量 x 的取值精度；double f() 是规定函数的值域和函数值的精度；而{ }中的语句 double y 和 y=a*x*x+b*x+c 是实现自变量 x 和函数值 y 的对应法则、语句 return y 是 C++的语法规定：将函数值 y（C++称为"返回值"）赋给调用该函数的变量或表达式。

4.3 函数定义的一般格式

1. 有参函数的定义格式

```
类型标识符 函数名(形式参数表列)
{
    函数体（含声明部分和语句部分）
    return 表达式;
}
```

其中，类型标识符可以是 double、float、int 和 char 等，它和函数体中的语句 return y 中 y 的类型一致；"函数名"的命名规则和变量的相同；形式参数如果有多个，要用逗号分隔。

【例 4.1】 定义一元二次函数。

```
double f(double a，double b，double c，double x)
{    double y，p，q，r;   //变量声明
     p=a*x*x; q=b*x; r=c;
     y=p+q+r;
     return   y;
}
```

2. 无参函数的定义格式
如果函数不需要任何形式参数，那么小括弧内可以留空。

```
类型标识符 函数名( )
{
    函数体（含声明部分和语句部分）
    return 表达式;
}
```

【例 4.2】 定义一个给出 8 位有效数字圆周率的函数。

```
double pi()
{
    return 3.1415926;
}
```

3. 无返回值函数的定义格式

```
void 函数名（形式参数表列）//有参函数
{
 函数体（含声明部分和语句部分）
} // 无 return 语句
```

或者

```
void 函数名()//无参函数
{
    函数体（含声明部分和语句部分）
} // 无 return 语句
```

【例 4.3】 定义一个显示字符串"钓鱼岛是中国的"的函数。

```
void ch()
{    cout<<"钓鱼岛是中国的";       //若中文显示不了，可改用英文表达
}
```

4.4 函数调用与函数声明

1. 函数调用格式为

```
函数名(实际参数表列);        //有参函数调用
```

或者

```
函数名( );                  //无参函数调用
```

2. 函数声明格式

（1）类型标识符   函数名(形式参数列表);
（2）类型标识符   函数名(形式参数类型列表);

【例 4.4】 定义一个二次函数；当 $x=5$ 时，计算函数 $y=2*x^2+3*x+4$ 的值。

```
#include<iostream>
using namespace std;
double f(double a，double b，double c，double x)        //函数定义
```

```
{   double y，p，q，r;                              //变量声明
    p=a*x*x；q=b*x；r=c;
    y=p+q+r;
    return  y;
}
int main()
{   double y;
    y=f(2,3,4,5);                                //函数调用
    cout<<y;
    return 0;
}
```

C++规定，对于函数，要先定义，后调用。换句话说，函数的定义，应在调用之前。但是也可以将函数定义放在调用之后，而在函数调用之前进行"函数声明"。对于例 4.4，可以改写成如下形式。

```
#include<iostream>
using namespace std;
double f(double a,double b,double c,double x);        //函数声明
//该声明也可以写成：double f(double，double，double，double);
int main()
{
    double y;
    y=f(2,3,4,5);                                //函数调用
        cout<<y;
    return 0;
}
double f(double a，double b，double c，double x)  //函数定义
{
    double y，p，q，r;                              //变量声明
    p=a*x*x;q=b*x;r=c;
    y=p+q+r;
    return  y;
}
```

4.5 形式参数和实际参数的关系

形式参数必须是变量，而实际参数可以是变量，也可以是常量。一个变量占据一个内存单元，每个内存单元都有确定的地址。形式参数占据的内存单元与实际参数（如果实际参数是变量）占据的内存单元是不同的。进行函数调用时，要将实际参数（可以是已定义并且有确定值的变量或者常量）代入函数参数表列中的形式参数，这个过程相当于"赋值"：将实际参数的值赋给形式参数（不是将实际参数赋给形式参数），即将实际参数的值存入形式参数所占据的内存单元。下面通过几个例子加以说明。

【例 4.5】 交换两个实数，用函数实现。

（1）函数定义。

```
void swap(double x,double y)
{
    cout<<"x="<<x<<endl;
    cout<<"y="<<y<<endl;        //交换前
    double t;
    t=x;
    x=y;
    y=t;
    cout<<"x="<<x<<endl;
    cout<<"y="<<y<<endl;        //交换后
}
```

（2）函数调用。

```
#include<iostream>
using    namespace std;
int main()
{
    double a，b;a=1;b=2;
    cout<<"a="<<a<<endl;
    cout<<"b="<<b<<endl;        //函数调用前
    swap(a,b);                  //函数调用，实参代入形参，相当于两个赋值语句：x=a;y=b;
    cout<<"a="<<a<<endl;
    cout<<"b="<<b<<endl;        //函数调用后
    return 0;

}
```

程序运行结果：

```
a=1
b=2
x=1
y=2
x=2
y=1
a=1
b=2
```

可见，虽然 x 和 y 交换了，但 a 和 b 没有交换，说明了**实参代入形参（相当于两条赋值语句 "x=a;" 和 "y=b;"），形参得到的是实参的值而不是实参本身**。

如果引入"引用"或"指针"（若读者还未接触过这两个概念，可跳过下例），形式参数和实际参数就可以联结在一起。例如，上述函数若定义成如下形式：

```
void swap(double &x,double &y)
{   cout<<"x="<<x<<endl;
    cout<<"y="<<y<<endl;        //交换前
    double t;
```

```
    t=x;
    x=y;
    y=t;
    cout<<"x="<<x<<endl;
    cout<<"y="<<y<<endl;          //交换后
}
```

或者如下形式：

```
void swap(double *x,double *y)
{   cout<<"*x="<<*x<<endl;
    cout<<"*y="<<*y<<endl;          //交换前
    double t;
    t=*x;
    *x=*y;
    *y=t;
    cout<<"*x="<<*x<<endl;
    cout<<"*y="<<*y<<endl;          //交换后
}
```

则函数调用时将实际参数代入形式参数：swap(a,b);或者 swap(&a,&b);，相当于执行语句：double &x=a;double &y=b;或者 x=&a;y=&b;。

语句 double &x=a;（double &y=b;）的功能是将变量 x 用别名 a 表达（将变量 y 用别名 b 表达），换句话说，就是"一个变量两个名字"，x 的值变动（y 的值变动）就是 a 的值变动（b 的值变动），反之也一样。

语句 x=&a;（y=&b;）的功能是将指针 x（y）指向以符号 a 命名的内存单元（以符号 b 命名的内存单元）。换句话说，就是"一个内存单元，用两个符号标识"，不管哪一个"符号"的值变动，都是同一内存单元里的值变动，a 的值变动（b 的值变动）就是*x 的值变动（就是*y 的值变动），反之也一样。

分别将上述两个函数代入本例的"函数调用"程序中，运行的结果分别为

```
a=1
b=2
x=1
y=2
x=2
y=1
a=2
b=1
```

和

```
a=1
b=2
*x=1
*y=2
*x=2
*y=1
```

```
a=2
b=1
```

4.6 内置函数

所谓内置函数，就是在函数定义和函数声明时在函数首部最左端写上关键字"inline"即可，下面用一个例子（上一节的一个例子）加以说明。

定义一个二次函数；当 $x=5$ 时，计算函数 $y=2*x^2+3*x+4$ 的值。

```
#include<iostream>
using namespace std;

inline double f(double a，double b，double c，double x) //函数定义，最左端写上了关键字 inline
{   double y，p，q，r;                              //变量声明
    p=a*x*x;q=b*x;r=c;
    y=p+q+r;
    return   y;
}
int main()
{    double z;
     z=f(2,3,4,5);                               //函数调用
     cout<<z;
     return 0;

}
```

该例和上一节的例子相比，仅有一处不同：函数定义的函数头出现了"inline"，其余的完全相同。如果没有 inline，语句 z=f(2,3,4,5);的功能相当于"将函数 f 中的变量 y 赋值给变量 z"；如果有 inline，语句 z=f(2,3,4,5);所在行被系统用以下一组语句（函数的内容）取代：

```
double a=2，   b=3，   c=4，   x=5;
double y，p，q，r;
p=a*x*x;q=b*x;r=c;
y=p+q+r;
z=y;
```

内置函数的函数体不宜规模过大，一般要求 5 条语句以内，并且不能含复杂的控制语句，如循环语句和 switch 语句。

4.7 函数的重载

C++允许用一个函数名定义多个函数，这些函数的参数个数或者参数类型不同。这就是"函数的重载"。例如，如果要求两个整数或者两个双精度实数的最大值，可以这样定义两个函数：

```
int   max(int x，int y)
{
    return （x>y）? x：y;
}
double   max(double x，double y)
{
    return （x>y）? x：y;
}
```

在函数调用时，C++会根据参数类型选取相应的函数。例如，函数调用 max(1，2);，C++
根据实际参数的类型匹配形式参数，选取第一个函数；若写成 max(1.0，2.0)，则 C++选取第二
个函数。对于函数调用 max(1，2.0);，会是什么结果？请读者思考。

4.8　函数模板

对于上节的两个函数，可以用一个函数模板定义：

```
template <typename T>            //模板声明，T 为类型参数
T max(T x,T y)                   //T 为虚拟类型名，和上面声明的一致
{
    return （x>y）? x：y;
}
```

定义函数模板的一般格式如下：

```
template <typename T>  或者  template <class T>        //T 为虚拟类型名，可以取别的字母
通用函数定义                    通用函数定义
```

当函数调用时，C++会用实际参数类型取代模板中的 T。例如，上节的函数调用 max(1,2)
出现时，C++会用 int 取代形式参数虚拟类型 T；当 max(1.0，2.0)出现时，C++用 double 取代形
式参数虚拟类型 T。

4.9　函数的嵌套调用和递归调用

C++规定，在函数的定义中不能出现嵌套的函数定义，例如：

```
int f()
{......
   int f2()
   {   ......
      }
   ......
}
```

是错误的。虽然不能嵌套定义，但可以**嵌套调用**。例如可以将上述错例改正为：

```
int f()
{     ......
      f2();      //此处调用函数 f2，假设函数 f2 在定义函数 f1 之前已经存在
      ......
}
```

有一种特殊的函数嵌套调用：在函数的定义中调用自身。这种特殊的嵌套调用被称为**函数递归调用**。下面举一个递归调用的例子。

【例 4.6】 求 n 阶乘，n 为自然数。

```
int f(int n)
{
    if(n==1)
       return 1;
    else
       return n*f(n-1);        //函数 f 调用自身
}
```

4.10　局部变量和全局变量

在讨论函数的形参变量时曾经提到，形参变量只在被调用期间才分配内存单元，调用结束立即释放。这一点表明形参变量只有在函数内才是有效的，离开该函数就不能再使用了。这种变量有效性的范围称为变量的作用域。除形参变量外，C/C++语言中所有的量都有自己的作用域，由定义变量时所处的环境决定。C/C++语言中的变量按作用域范围可分为两种，即局部变量和全局变量。

局部变量也称为内部变量，是在函数内部进行定义说明的，其作用域仅限于函数内，仍然遵循"先定义（或声明），后使用"的原则。内部变量不能在函数之外使用。

全局变量也称为外部变量，它是在函数外部定义的变量，它不专属于哪一个函数，它属于一个源程序文件，其作用域局限于该源程序文件以内，仍然遵循"先定义（或声明），后使用"的原则。

一个合法符号，可以被多个函数用来定义为内部变量，即使该符号已定义为全局变量。

如果在函数中使用全局变量，一般应作为全局变量进行说明，说明符为 extern。但在一个函数之前定义的全局变量，在该函数内可以直接使用，可不再加以说明。

如果全局变量和某函数内部变量同名，则在函数内部全局变量失效、在函数外部该局部变量失效。

【例 4.7】 全局变量与局部变量举例。

```
int a=1,b=2;
void f1(int a)
{    a=a+b;
     cout<<a;               //全局变量 a 失效，而全局变量 b 仍起作用
}
int main()
{
```

```
        f1(3);
        cout<<endl;
        cout<<a;
    return 0;
}
```

执行该程序后，结果是：

```
5
1
```

4.11　变量的存储类别

前面已经介绍过，从变量的作用域（即从空间）角度来分，可以分为全局变量和局部变量。

从另一个角度，即变量值存在的时间（即生存期）角度来分，可以分为静态存储方式和动态存储方式。

静态存储方式：指在程序运行期间，变量一直处在由系统分配的固定存储空间里，这种方式被称为静态存储方式。

动态存储方式：指在程序运行期间，系统根据需要动态（实时）地给变量分配存储空间的方式。

用户存储空间可以分为以下 3 个部分。

（1）程序区。

（2）静态存储区。

（3）动态存储区。

全局变量全部存放在静态存储区，在程序开始执行时系统给全局变量分配存储区，程序运行完毕就释放，在程序执行过程中它们占据固定的存储单元。

动态存储区存放以下数据。

（1）函数形式参数。

（2）自动变量（未加 static 声明的**局部变量**）。

（3）函数调用时的现场保护和返回地址。

对以上这些数据，在函数开始调用时分配动态存储空间，函数结束时释放这些空间。

在 C/C++语言中，每个变量和函数都有两个属性：数据类型和数据的存储类别。

4.12　变量声明

4.12.1　auto 变量

函数中的局部变量，如不专门声明为 static 存储类别，都是动态地分配存储空间的；数据存储在动态存储区中。函数中的形参和在函数中定义的变量（包括在复合语句中定义的变量），都属此类，在调用函数时系统会给它们分配存储空间，在函数调用结束时就自动释放这些存储空间。这类局部变量称为自动变量。自动变量用关键字 auto 声明存储类别。

例如：

```
int f(int a)              /*定义 f 函数，a 为参数*/
{
    auto int b,c=3;       /*定义 b，c 自动变量*/
    ……
}
```

a 是形参，b、c 是自动变量，对 c 赋初值 3。执行完 f 函数后，自动释放 a、b、c 所占的存储单元。

关键字 auto 可以省略，auto 不写则隐含定为"自动存储类别"，属于动态存储方式。

4.12.2 用 static 声明局部变量

有时希望函数中局部变量的值在函数调用结束后不消失而保留原值，这时就应该将局部变量指定为"静态局部变量"，用关键字 static 进行声明。

【例 4.8】 考察静态局部变量的值。

```
f(int a)
{   auto b=0;
    static c=3;
    b=b+1;
    c=c+1;
    return(a+b+c);
}
int main()
{   int a=2,i;
    for(i=0;i<3;i++)
    cout<<f(a)<<endl;        //观察输出的值有何变化
    return 0;
}
```

对于静态局部变量，应该注意以下几点。

（1）静态局部变量属于静态存储类别，在静态存储区内分配存储单元。在程序整个运行期间都不释放。而自动变量（即动态局部变量）属于动态存储类别，占动态存储空间，函数调用结束后即释放。

（2）静态局部变量在编译时赋初值，即只赋初值一次。而对自动变量赋初值是在函数调用时进行，每调用一次函数重新给一次初值，相当于执行一次赋值语句。

（3）如果在定义局部变量时不赋初值，则对静态局部变量来说，编译时自动赋初值 0（对数值型变量）或空字符（对字符变量）。而对自动变量来说，如果不赋初值，则它的值是一个不确定的值。

【例 4.9】 输出 1~5 的阶乘值。

```
int fac(int n)
{   static int f=1;
    f=f*n;
```

```
        return(f);
    }
int main()
{   int i;
    for(i=1;i<=5;i++)
    cout<<i<<","<<fac(i)<<endl;
    return 0;

}
```

4.12.3　register 变量

为了提高效率，C/C++语言允许将局部变量的值存放在 CPU 中的寄存器中，这种变量称为寄存器变量，用关键字 register 声明。

【例 4.10】　使用寄存器变量。

```
int fac(int n)
{   register int i,f=1;
    for(i=1;i<=n;i++)
        f=f*i;
    return(f);
}
int main()
{   int i;
    for(i=0;i<=5;i++)
        printf("%d!=%d\n",i,fac(i));
    return 0;
}
```

说明：

（1）只有局部自动变量和形式参数可以作为寄存器变量。

（2）一个计算机系统中的寄存器数目有限，不能定义任意多个寄存器变量。

（3）局部静态变量不能定义为寄存器变量。

4.12.4　用 extern 声明外部变量

外部变量（即全局变量）是在函数的外部定义的，它的作用域为从变量定义处开始，到本程序文件的末尾。如果外部变量不在文件的开头定义，其有效的作用范围只限于定义处至文件结束。如果在定义点之前的函数想引用该外部变量，则应该在引用之前用关键字 extern 将该变量声明为"外部变量"。表示该变量是一个已经定义的外部变量。有了此声明，就可以从"声明"处起，合法地使用该外部变量。

【例 4.11】　用 extern 声明外部变量，扩展程序文件中的作用域。

```
int max(int x,int y)
{   int z;
    z=x>y?x:y;
    return(z);
```

```
}
int main()
{   extern A,B;
    printf("%d\n",max(A,B));
    return 0;
}
int A=13,B=-8;
```

说明：在本程序文件的最后 1 行定义了外部变量 A、B，但由于外部变量定义的位置在函数 main 之后，因此在 main 函数中不能引用外部变量 A、B。现在我们在 main 函数中用 extern 对 A 和 B 进行"外部变量声明"，就可以从"声明"处起，合法地使用该外部变量 A 和 B。

4.13 本章小结

一般地，一个函数的工作流程是：从实际参数那里获得外部数据，经过函数体（函数内部）计算之后产生一个或多个结果，将全部结果或部分结果作为函数值以合适的形式输出。

参照函数工作流程，设计一个函数需要考虑 3 个问题：

（1）需要定义几个形式参数？

（2）怎样写函数体部分？

（3）确定返回值。

对于第一个问题：形式参数个数不能过多，也不能过少。因为形式参数的任务是接收外部数据，参数个数过多则数据冗余，过少则因数据量不足而导致函数体无法工作。例如本章的引例，其中的函数参数不能少于 3 个，因为一个一般的二次函数需要三个系数才能确定。另外，一个二次函数需要一个自变量接收外部数据才能进行计算，故还得增加一个参数，这样该函数需要定义 4 个形式参数，预备接收外部数据。

函数体的设计和一般的程序设计方法相同，但是要使用所有的形式参数。若函数体需要额外的变量，只能够在函数体内临时定义并使用。函数的返回值通常用一个变量表达并用 return 语句输出，通常该变量是函数体内部临时定义的变量。

习题四

1．编写并调用一个函数，输出语句"C++程序设计"。该函数需要设参数吗？需要返回值语句吗？

2．编写一个函数，求两个实数中的最大者。

3．编写一个函数，求两个正整数的最小公倍数和最大公约数。

4．编写一个函数，解一元二次方程。如果存在两个实根，请输出最大者。

5．编写一个函数，求 1～1000 正整数中的最大素数。

6．用递归方法求 $n!$（n 为自然数）。

7．Hanoi（汉诺）塔问题：古代有一个梵塔，塔内有 A、B 和 C 3 个座，开始时 A 座上有 64 张圆形金属盘片，盘子大小不等，大的在下，小的在上。有一位老和尚要将这 64 张金片从

A 座（可以借助 B 座）移到 C 座，每次只能移动一片。在移动过程中，A、B、C 这 3 座上的金片也要一直"大的在下，小的在上"。请编制程序输出移动的步骤。

8. 用递归方法求前 n 个自然数之和。

9. 设 m 和 n 为两个大于 1 的正整数，用递归方法求 m 的 n 次幂。

10. 编写一个函数，将两个全局变量交换。如果不全是全局变量，结果如何？

第5章

数组

在程序设计中，为了处理方便，把具有相同类型的若干**变量**按有序的形式组织起来，这些按序排列的同类型变量的集合称为数组，而含在数组中这些同类型的变量称为数组元素。在C/C++语言中，数组属于构造数据类型，数组元素可以是基本数据类型或是构造类型。如果按数组元素的类型分类，数组又可分为数值数组、字符数组、指针数组、结构数组等。本章介绍数值数组和字符数组，其余的在以后各章陆续介绍。

5.1　一维数组的定义和引用

5.1.1　一维数组的定义格式

在 C/C++语言中使用数组之前必须先进行定义。

一维数组的定义方式为：

```
类型说明符　数组名[常量表达式];
```

其中：

（1）类型说明符是任一种基本数据类型或构造数据类型。

（2）数组名是用户定义的数组标识符，与变量名命名规则一致。

（3）方括号中的常量表达式表示数组数据元素的个数，也称为数组的长度，通常用数值常量或符号常量表示，但不能用变量表示。

例如：

```
int a[10];          //说明整型数组 a，有 10 个元素。
float b[N],c[20];   //说明实型数组 b，有 N 个元素（N 是已定义过的符号常量，可以等于
                    //0 及任意正整数），实型数组 c，有 20 个元素。
char ch[20];        //说明字符数组 ch，有 20 个元素。
```

对于数组类型说明应注意以下几点。

（1）数组的类型实际上是指数组元素的取值类型。对于同一个数组，其所有元素的数据类型都是相同的。

（2）数组名的书写规则应符合标识符的书写规定。

（3）数组名不能与其他变量名相同，也不能和其他数组重名。

（4）方括号中常量表达式表示数组元素的个数，如a[5]表示数组a有 5 个元素。但是其下标从 0 开始计算。因此 5 个元素分别为a[0],a[1],a[2],a[3],a[4]。

（5）不能在方括号中用变量来表示元素的个数， 但是可以是符号常数或常量表达式。

（6）允许在同一个类型说明中，说明多个数组和多个变量。

例如：

```
int a,b,c,d,k1[10],k2[20];
```

5.1.2 一维数组元素的引用

数组元素是组成数组的基本单元。数组元素也是一种变量，其标识方法为数组名后跟一个下标。下标表示了元素在数组中的顺序号。

数组元素的一般形式为：

数组名[下标]

其中，下标只能为整型常量或整型表达式（可以含有整型变量）。如为小数，C/C++编译将自动取整。

例如：

```
a[5]
a[i+j]
a[i++]
```

都是合法的数组元素。

数组元素通常也称为下标变量。必须先定义数组， 才能使用下标变量。在 C/C++语言中只能逐个地使用下标变量，而不能一次引用整个数组。

例如，输出有 10 个元素的数组必须使用循环语句逐个输出各下标变量。

```
for(i=0; i<10; i++)
    cout<<a[i];//不能写成 cout<<a;
```

【例 5.1】 将数组元素赋值为0～9，再反序输出所有元素。

```
#include<iostream>
using namespace std;
int main()
{ int i,a[10];
   for(i=0;i<=9;i++)
       a[i]=i;
   for(i=9;i>=0;i--)
       cout<<a[i]<<" ";
   return 0;
}
```

【例5.2】 将数组元素赋值为0～9，再反序输出所有元素。

```
#include<iostream>
using namespace std;
int main()
{ int i,a[10];
    for(i=0;i<10;)
        a[i++]=i;
    for(i=9;i>=0;i--)
        cout<<a[i]<<"   ";
    return 0;
}
```

【例5.3】 将数组元素赋值为1,3,5,7,9,…，再反序输出所有元素。

```
#include<iostream>
using namespace std;
int main()
{ int i,a[10];
    for(i=0;i<10;)
        a[i++]=2*i+1;
    for(i=9;i>=0;i--)
        cout<<a[i]<< "   ";
    return 0;
}
```

5.1.3 一维数组的初始化

给数组赋值的方法除了用赋值语句对数组元素逐个赋值外，还可采用初始化赋值和动态赋值的方法。

数组初始化赋值是指在数组定义时给数组元素赋予初值。数组初始化是在编译阶段进行的。这样将减少运行时间，提高效率。

初始化赋值的一般形式为：

类型说明符 数组名[常量表达式]={值，值，……，值};

其中在{ }中的各数据值即为各元素的初值，各值之间用逗号（也只能用逗号间隔）。

例如：

int a[10]={ 0,1,2,3,4,5,6,7,8,9 };

相当于 a[0]=0;a[1]=1...a[9]=9;

C/C++语言对数组的初始化赋值还有以下几点规定。

（1）可以只给部分元素赋初值。

当{ }中值的个数少于元素个数时，只给前面部分元素赋值。

例如：

int a[10]={0,1,2,3,4};

表示只给 a[0]～a[4]这 5 个元素赋值，而后 5 个元素自动赋值为 0。

（2）只能给元素逐个赋值，不能给数组整体赋值。

例如，给 10 个元素全部赋 1 值，只能写为：

```
int a[10]={1,1,1,1,1,1,1,1,1,1};
```

而不能写为：

```
int a[10]=1;
```

（3）如给全部元素赋值，则在数组说明中，可以不给出数组元素的个数。

例如：

```
int a[5]={1,2,3,4,5};
```

可写为：

```
int a[]={1,2,3,4,5};
```

5.1.4　一维数组程序举例

可以在程序执行过程中，对数组动态赋值。这时可用循环语句配合，逐个对数组元素赋值。

【例 5.4】　从键盘获得数组数据。

```
#include<iostream>
using namespace std;
int main()
{
    int i,max,a[10];
    cout<<"input 10 numbers:"<<endl;
    for(i=0;i<10;i++)
        cin>>a[i];
    max=a[0];
    for(i=1;i<10;i++)
        if(a[i]>max)    max=a[i];
    cout<<"maxmum="<<max;
    return 0;
}
```

5.2　二维数组的定义和引用

5.2.1　二维数组的定义

前面介绍的数组只有一个下标，称为一维数组，其数组元素也称为单下标变量。在实际问题中有很多量是二维的或多维的，因此 C/C++语言允许定义多维数组。多维数组元素有多个下标，以标识它在数组中的位置，所以也称为多下标变量。本小节只介绍二维数组，多维数组可由二维数组类推而得到。

二维数组定义的一般形式为：

类型说明符　数组名[常量表达式 1][常量表达式 2];

其中，常量表达式 1 表示第一维下标的长度，常量表达式 2 表示第二维下标的长度。
例如：

int a[3][4];

说明了一个三行四列的数组，数组名为 a，其下标变量的类型为整型。该数组的下标变量
共有 3×4 个，即：

a[0][0],a[0][1],a[0][2],a[0][3]
a[1][0],a[1][1],a[1][2],a[1][3]
a[2][0],a[2][1],a[2][2],a[2][3]

二维数组在概念上是二维的，即其下标在两个方向上变化，下标变量在数组中的位置也处
于一个平面之中，而不是像一维数组只是一个向量。但是，实际的硬件存储器是连续编址的，
也就是说，存储器单元是按一维线性排列的。如何在一维存储器中存放二维数组，有两种方式：
一种是按行排列，即放完一行之后顺次放入第二行；另一种是按列排列，即放完一列之后再顺
次放入第二列。在 C/C++语言中，二维数组是按行排列的，即先存放 a[0]行，再存放 a[1]行，
最后存放 a[2]行。每行中有 4 个元素也是依次存放的。由于数组 a 说明为 int 类型，该类型占
两个字节的内存空间，所以每个元素均占有两个字节。

5.2.2　二维数组元素的引用

二维数组的元素也称为双下标变量，其表示的形式为：

数组名[下标][下标]

其中，下标应为整型常量或整型表达式。
例如：

a[2][3]

表示 a 数组第二行第三列的元素。

下标变量和数组说明在形式中有些相似，但这两者具有完全不同的含义。数组说明的方括
号中给出的是某一维的长度，即可取下标的最大值；而数组元素中的下标是该元素在数组中的
位置标识。前者只能是常量，后者可以是常量、变量或表达式。

【例 5.5】　一个学习小组有 5 个人，每个人有 3 门课的考试成绩，如下表所示。求全组分
科的平均成绩和各科总平均成绩。

成绩表

	张	王	李	赵	周
Math	80	61	59	85	76
C	75	65	63	87	77
FoxPro	92	71	70	90	85

可设一个二维数组 a[5][3]存放 5 个人 3 门课的成绩。再设一个一维数组 v[3]存放所求得各
分科平均成绩，设变量 average 为全组各科总平均成绩。编程如下：

```
#include<iostream>
using namespace std;
int main()
{
    int i,j,s=0,average,v[3],a[5][3];
    cout<<"input score";
    for(i=0;i<3;i++)
    {
        for(j=0;j<5;j++)
        {
            cin>>a[j][i];
            s=s+a[j][i];
        }
        v[i]=s/5;
        s=0;
    }
    average =(v[0]+v[1]+v[2])/3;
    cout<<"math:"<< v[0]<<", languag:"<< v[1]<<", dbase:"<<v[2]<<endl;
    cout<<"total:"<<average;
    return 0;
}
```

5.2.3　二维数组的初始化

二维数组初始化也是在类型说明时给各下标变量赋以初值。二维数组可按行分段赋值，也可按行连续赋值。例如，对数组 a[5][3]赋初值。

（1）按行分段赋值。

```
int a[5][3]={ {80,75,92},{61,65,71},{59,63,70},{85,87,90},{76,77,85} };
```

（2）按行连续赋值。

```
int a[5][3]={ 80,75,92,61,65,71,59,63,70,85,87,90,76,77,85};
```

这两种赋初值的结果是完全相同的。

【例 5.6】　求多组数据的平均值。

```
#include<iostream>
using namespace std;
int main()
{   int i,j,s=0, average,v[3];
    int a[5][3]={{80,75,92},{61,65,71},{59,63,70},{85,87,90},{76,77,85}};
    for(i=0;i<3;i++)
    {
        for(j=0;j<5;j++)
            s=s+a[j][i];
        v[i]=s/5;
        s=0;
    }
```

```
        average=(v[0]+v[1]+v[2])/3;
        cout<<"math:"<< v[0]<<", languag:"<< v[1]<<", dFoxpro:"<<v[2]<<endl;
        cout<<"total:"<<average;
        return 0;
}
```

对于二维数组初始化赋值还要说明以下几点。

（1）可以只对部分元素赋初值，未赋初值的元素自动取 0 值。

例如：

```
int a[3][3]={{1},{2},{3}};
```

是对每一行的第一列元素赋值，未赋值的元素取 0 值。 赋值后各元素的值如下。

```
1 0 0
2 0 0
3 0 0
int a [3][3]={{0,1},{0,0,2},{3}};
```

赋值后的元素值为：

```
0 1 0
0 0 2
3 0 0
```

（2）如对全部元素赋初值，则可以不给第一维的长度。

例如：

```
int a[3][3]={1,2,3,4,5,6,7,8,9};
```

可以写为：

```
int a[][3]={1,2,3,4,5,6,7,8,9};
```

（3）数组是一种构造类型的数据。二维数组可以看作是由一维数组嵌套而构成的。设一维数组的每个元素都又是一个数组，就组成了二维数组。当然，前提是各元素类型必须相同。根据这样的分析，一个二维数组也可以分解为多个一维数组。C 语言允许这种分解。

如二维数组 a[3][4]，可分解为 3 个一维数组，其数组名分别为：

```
a[0]
a[1]
a[2]
```

对这 3 个一维数组不需另做说明即可使用。这 3 个一维数组都有 4 个元素，例如一维数组 a[0]的元素为 a[0][0],a[0][1],a[0][2],a[0][3]。

必须强调的是，a[0],a[1],a[2]不能当作下标变量使用，它们是数组名，不是一个单纯的下标变量。

5.2.4　二维数组程序举例

【例 5.7】 求例 5.6 数组中的最大值与最小值。

分析：只要解决了二维数组元素的"遍历"问题，求最值的问题也就好解决了。要遍历二维数组，只需访问每一行的各列元素即可。以下是程序的主要语句。

```
int m=5,n=3,max，min,i,j;
max=a[0][0];min=a[0][0];
for(i=0;i<m;i++)              //访问二维数组的所有行
{   for(j=0;j<n;j++)          //访问第 i 行的各列元素
    {    if(a[i][j]>max)    max=a[i][j];
         if(a[i][j]<min)    min=a[i][j];
    }
}
cout<<max<<","<<min;
```

5.3 字符数组

用来存放字符量的数组称为字符数组。

5.3.1 字符数组的定义

字符数组定义的形式与前面介绍的数值数组定义相同。
例如：

```
char c[10];
```

由于字符型和整型通用，也可以定义为 int c[10]，但这时每个数组元素占 2 个字节的内存单元。
字符数组也可以是二维数组或多维数组。
例如：

```
char c[5][10];
```

即为二维字符数组。

5.3.2 字符数组的初始化

字符数组也允许在定义时作初始化赋值。
例如：

```
char c[10]={'c',' ','p','r','o','g','r','a','m'};
```

赋值后各元素的值的情况如下。

```
c[0]的值为'c'
c[1]的值为' '
c[2]的值为'p'
c[3]的值为'r'
c[4]的值为'0'
c[5]的值为'g'
```

c[6]的值为'r'
c[7]的值为'a'
c[8]的值为'm'

其中，c[9]未赋值，由系统自动赋予 0 值。

当对全体元素赋初值时也可以省去长度说明。

例如：

```
char c[]={'c',' ','p','r','o','g','r','a','m'};
```

这时 C 数组的长度自动定为 9。

5.3.3　字符数组的引用

【例 5.8】　若数组已初始化，可省略第一维的长度。

```
#include<iostream>
using namespace std;
int main()
{
  int i,j;
  char a[][5]={{'B','A','S','T','C',},{'d','B','A','S','E'}};
  for(i=0;i<=1;i++)
  {
      for(j=0;j<=4;j++)
          cout<<a[i][j];
      cout<<endl;
  }
  return 0;
}
```

本例的二维字符数组由于在初始化时全部元素都赋以初值，因此一维下标的长度可以不加以说明。

5.3.4　字符串和字符串结束标志

在 C 语言中没有专门的字符串变量，通常用一个字符数组来存放一个字符串。前面介绍字符串常量时，已说明字符串总是以'\0'作为串的结束符。因此当把一个字符串存入一个数组时，也把结束符'\0'存入了数组，并以此作为该字符串是否结束的标志。有了'\0'标志后，就不必再用字符数组的长度来判断字符串的长度了。

C/C++语言允许用字符串的方式对数组进行初始化赋值。

例如：

```
char c[]={'C',' ','p','r','o','g','r','a','m'};
```

可写为：

```
char c[]={"C program"};
```

或去掉{}写为：

```
char c[]="C program";
```

用字符串方式赋值比用字符逐个赋值要多占一个字节，用于存放字符串结束标志'\0'。上面的数组 c 在内存中的实际存放情况为：

C		p	r	o	g	r	a	m	\0

'\0'是由 C 编译系统自动加上的。由于采用了'\0'标志，所以在用字符串赋初值时一般无须指定数组的长度，而由系统自行处理。

5.3.5 字符数组的输入输出

在采用字符串方式后，字符数组的输入输出将变得简单方便。

除了上述用字符串赋初值的办法外，还可用 cout（printf）和 cin（scanf）一次输出或输入一个字符数组中的整个字符串，而不必使用循环语句逐个地输入或输出单个字符。

【例 5.9】 输出一个字符串。

```cpp
#include<iostream>
using namespace std;
int main()
{
    char c[]="BASIC\ndBASE";
    cout<<c;
    return 0;
}
```

【例 5.10】 从键盘输入字符，再输出。

```cpp
#include<iostream>
using namespace std;
int main()
{
    char st[15];
    cout<<"input string"<<endl;
    cin>>st;
    cout<<st;
    return 0;
}
```

例 5.10 中由于定义数组长度为 15，因此输入的字符串长度必须小于 15，以留出一个字节用于存放字符串结束标志'\0'。应该说明的是，对一个字符数组，如果不进行初始化赋值，则必须说明数组长度。还应该特别注意的是，当用 cin（scanf）输入字符串时，字符串中不能含有空格，否则将以空格作为串的结束符。

例如，当输入的字符串中含有空格时，运行情况为：

```
input string:
this is a book
```

输出为：

this

C/C++语言中规定，数组名就代表了该数组的首地址。整个数组是以首地址开头的一块连续的内存单元。

如有字符数组 char c[10]，在内存中可表示为如下形式。

c[0]	c[1]	c[2]	c[3]	c[4]	c[5]	c[6]	c[7]	c[8]	c[9]

假设数组 c 的首地址为 2000，也就是说，c[0]单元地址为 2000。则数组名 c 就代表这个首地址。当执行 cout<<c 时，按数组名 c 找到首地址，然后逐个输出数组中各个字符，直到遇到字符串终止标志'\0'为止。

5.3.6　字符串处理函数

C/C++语言提供了丰富的字符串处理函数，大致可分为字符串的输入、输出、合并、修改、比较、转换、复制、搜索几类。使用这些函数可大大减轻编程的负担。使用输入输出的字符串函数时，在使用前应包含头文件"stdio.h"，使用其他字符串函数则应包含头文件"string.h"。

下面介绍几个最常用的字符串函数。

1. 字符串输出函数 puts

格式：puts (字符数组名)

功能：把字符数组中的字符串输出到显示器。即在屏幕上显示该字符串。

【例 5.11】　函数 puts 的应用。

```cpp
#include<iostream>
using namespace std;
int main()
{
    char c[]="BASIC\ndBASE";
    puts(c);        //也可以" cout<<c; "
    return 0;
}
```

2. 字符串输入函数 gets

格式：gets(字符数组名)

功能：从标准输入设备（键盘）上输入一个字符串。

本函数的函数值为该字符数组的首地址。

【例 5.12】　函数 gets 的应用。

```cpp
#include<iostream>
using namespace std;
int main()
{
    char st[15];
    cout<<"input string:";
    gets(st);
    puts(st);
    return 0;
}
```

可以看出，当输入的字符串中含有空格时，输出的仍全部为字符串。说明 gets 函数并不以空格作为字符串输入结束的标志，只以回车作为输入结束标志。

3. 字符串连接函数 strcat

格式：strcat (字符数组名 1，字符数组名 2)

功能：把字符数组 2 中的字符串连接到字符数组 1 中字符串的后面，并删去字符串 1 后的串标志"\0"。本函数返回值是字符数组 1 的首地址。

【例 5.13】 连接两个字符串。

```
#include<iostream>
#include"string.h"
using namespace std;
int main()
{
  static char st1[30]="My name is ";
  char st2[10];
  cout<<"input your name:";
  gets(st2);
  strcat(st1,st2);
  puts(st1);
  return 0;
}
```

本程序把初始化赋值的字符数组与动态赋值的字符串连接起来。要注意的是，字符数组 1 应定义足够的长度，否则不能全部装入被连接的字符串。

4. 字符串复制函数 strcpy

格式：strcpy (字符数组名 1，字符数组名 2)

功能：把字符数组 2 中的字符串复制到字符数组 1 中。字符串结束标志"\0"也一同被复制。字符数名 2，也可以是一个字符串常量。这时相当于把一个字符串赋予一个字符数组。

【例 5.14】 复制字符串。

```
#include<iostream>
#include"string.h"
using namespace std;
int main()
{
  char st1[15],st2[]="C Language";
  strcpy(st1,st2);
  puts(st1);
  return 0;
}
```

本函数要求字符数组 1 应有足够的长度，否则不能全部装入所复制的字符串。

5. 字符串比较函数 strcmp

格式：strcmp(字符数组名 1，字符数组名 2)

功能：按照 ASCII 码顺序比较两个数组中的字符串，并由函数返回值返回比较结果。

字符串 1=字符串 2，返回值=0；

字符串 2>字符串 2，返回值>0；

字符串 1<字符串 2，返回值<0。

本函数也可用于比较两个字符串常量，或者比较数组和字符串常量。

【例 5.15】 比较两个字符串。

```
#include<iostream>
#include"string.h"
using namespace std;
int main()
{ int k;
   static char st1[15],st2[]="C Language";
   cout<<"input a string:";
   gets(st1);
   k=strcmp(st1,st2);
   if(k==0) cout<<"st1=st2\n";
   else if(k>0) cout<<"st1>st2\n";
   else if(k<0) cout<<"st1<st2\n";
   return 0;
}
```

6. 测字符串长度函数 strlen

格式： strlen(字符数组名)

功能：测字符串的实际长度（不含字符串结束标志'\0'），并将其作为函数返回值。

【例 5.16】 测量一个字符串的长度。

```
#include<iostream>
#include"string.h"
using namespace std;
int main()
{ int k;
   static char st[]="C language";
   k=strlen(st);
   cout<<"The lenth of the string is "<<k;
   return 0;
}
```

5.4 程序举例

【例 5.17】 把一个整数插入已排好序的数组中，使数组仍保持有序。

为了把一个数插入已排好序的数组中，应首先确定排序是从大到小还是从小到大进行的。设排序是从大到小进行的，则可把欲插入的数与数组中各数逐个比较，当找到第一个比插入数小的元素 i 时，该元素之前即为插入位置。然后从数组最后一个元素开始到该元素为止，逐个后移一个单元。最后把插入数赋予元素 i 即可。如果被插入数比所有的元素值都小则插入最后位置。

```
#include<iostream>
using namespace std;
int main()
{
    int i,j,p,q,s,n,a[11]={127,3,6,28,54,68,87,105,162,18};
    for(i=0;i<10;i++)
    {    p=i;
         q=a[i];
         for(j=i+1;j<10;j++)
             if(q<a[j])
             {   p=j;
                 q=a[j];
             }
         if(p!=i)
         {
             s=a[i];
             a[i]=a[p];
             a[p]=s;
         }
         cout<<a[i];
    }
    cout<<"\ninput number:\n";
    cin>>n;
    for(i=0;i<10;i++)
        if(n>a[i])
        {    for(s=9;s>=i;s--)
                 a[s+1]=a[s];
             break;
        }
        a[i]=n;
        for(i=0;i<=10;i++)
            cout<<a[i];
            cout<<endl;
        return 0;
}
```

【例 5.18】　在二维数组 a 中选出各行最大的元素组成一个一维数组 b。

```
a=( 3   16 87   65
    4   32 11 108
10 25 12   37),
b=(87 108 37).
```

本题的编程思路是，在数组 A 的每一行中寻找最大的元素，找到之后把该值赋予数组 B 相应的元素即可，程序如下。

```
#include<iostream>
using namespace std;
int main()
```

```
{
    int a[][4]={3,16,87,65,4,32,11,108,10,25,12,27};
    int b[3],i,j,l;
    for(i=0;i<=2;i++)
    {
        l=a[i][0];
        for(j=1;j<=3;j++)
            if(a[i][j]>l)    l=a[i][j];
        b[i]=l;
    }
    cout<<"\narray a:\n";
    for(i=0;i<=2;i++)
    {
        for(j=0;j<=3;j++)
            cout<<a[i][j];
            cout<<endl;
    }
    cout<<"\narray b:\n";
    for(i=0;i<=2;i++)
        cout<<b[i];
    cout<<endl;
    return 0;
}
```

【例 5.19】 输入 5 个国家的名称，然后按字母顺序排列输出。

本题编程思路如下：5 个国家名应由一个二维字符数组来处理。然而 C 语言规定可以把一个二维数组当成多个一维数组处理。因此本题又可以按 5 个一维数组处理，而每个一维数组就是一个国家名称字符串。用字符串比较函数比较各一维数组的大小，并排序，输出结果即可。

编程如下：

```
#include<iostream>
using namespace std;
int main()
{
    char st[20],cs[5][20];
    int i,j,p;
    cout<<"input country's name:\n";
    for(i=0;i<5;i++)
        gets(cs[i]);
    cout<<endl;
    for(i=0;i<5;i++)
    {    p=i;
        strcpy(st,cs[i]);
        for(j=i+1;j<5;j++)
            if(strcmp(cs[j],st)<0)
            {    p=j;
                strcpy(st,cs[j]);
```

```
                }
            if(p!=i)
            {
                strcpy(st,cs[i]);
                strcpy(cs[i],cs[p]);
                strcpy(cs[p],st);
            }
            puts(cs[i]);
        }
    cout<<endl;
    return 0;
}
```

5.5 本章小结

数组是程序设计中最常用的数据结构。数组可分为数值数组（整型数组、实型数组），字符数组以及后面将要介绍的指针数组、结构数组等。

数组可以是一维的、二维的或多维的。

数组类型说明由类型说明符、数组名、数组长度（数组元素个数）3 部分组成。数组元素又称为下标变量。数组的类型是指下标变量取值的类型。

对数组的赋值可以用数组初始化赋值、输入函数动态赋值和赋值语句赋值 3 种方法实现。对数值数组不能用赋值语句整体赋值，也不能整体进行输入或输出，必须用循环语句逐个对数组元素进行操作。

习题五

1．定义一个 double 型、长度为 10（将一个符号常量设为 10）的数组，从键盘输入数据，输出该数组中的最小值和最大值。

2．将上题数组中的元素排序后输出。

3．对题 1 的数组，删除任意指定的一个元素。

4．对题 3 的数组，在任意指定的位置插入一个元素。

5．定义两个同型数组（例如同为 int）A 和 B，每一个数组中无相同的元素。将 B 数组合并至 A 数组，使合并后的数组也无相同元素。

6．设两个数组 A 和 B，已升序排序，将这两个数组合并至数组 C，使数组 C 也按升序排序。

7．设数组 A 已按升序排序，现插入一个元素 x，使插入 x 后数组仍保持升序排序。

8．设有两个方阵（二维数组），将这两个方阵相乘，并输出结果。

9．建立一个二维字符数组，其中有大小写字母、数字、空格等，请分别统计这些字符的个数。

10．用两种方法将两个字符串连接起来。

11. 用两种方法将一个字符串复制到一个数组。

12. 用两种方法测量一个字符数组的长度。

13. 将一个小写英文字母字符串排序。

14. 编写一个函数，将两个同长度的 double 型数组交换，并在主函数中将数组输出。

15. 编写一个函数，将两个矩阵相加，并在主函数中输出"和矩阵"。

第6章

指针

6.1　指针的概念

指针即内存单元的地址。要理解指针的概念，首先要了解计算机存储器存储数据的情况。在计算机运行时，程序与数据是存放在内存中的。内存的基本存储单元是字节，计算机的内存就是由许多字节组成的，每个字节都有编号，这些编号就是地址，也就是指针。CPU 就是通过地址寻找到数据及指令的。

当我们通过语句定义了一个变量（如 int x=3）时；系统将在内存中为这个变量开辟一个空间以存放变量的值，这个变量就具备了几方面的特性：变量名，变量的类型，变量的值，变量存放的地址。其中变量名与变量的地址是对应关系，就像学生的姓名与其学号有一个对应关系一样。

在用高级语言编写程序时，一般情况下，通过变量名就可以访问变量。但为了增加程序设计的灵活性和提高程序的效率，有时需要对内存的地址进行操作，这就需要使用指针变量。

6.2　指针变量的概念

指针变量也是变量的一种，与其他变量不同的是，指针变量存放的是变量的地址。

例如，在内存中依次存放了一组数据，每个数据的存储地址如图 6-1 所示，如果将某个数据的地址作为变量的值存放在内存中，则这样的变量就是指针变量。

地址	内容
2000	1
2004	2
2008	3
2012	4
2016	5
2020	2000

变量的地址

图 6-1　变量在内存中的存储

6.3　指针变量的定义

C++定义指针变量的格式如下：

　　　　基类型　　*变量名

说明：

（1）基类型指的是指针变量所指变量的类型。

（2）*是一个说明符，用于定义指针变量。

例如：int　　*p1;

　　　　float　*p2;

　　　　char　*p3;

若定义了如下变量：

```
int   x;
float  y;
char   z;
```

则可通过赋值语句将变量 x、y、z 的地址赋给指针变量 p1、p2、p3：

```
p1=&x;p2=&y;p3=&z;
```

此时，可以形象地说 p1 指向了 x，p2 指向了 y，p3 指向了 z。

6.4　与指针有关的基本操作

与指针有关的操作有取地址、间接访问、赋值和指针变量的运算。

1．取地址

运算符：&

功能：获取变量的地址。

例如，定义整型变量 x 和指向整型变量的指针变量 p 的语句如下。

```
int   x;
int   *p;
```

可以通过取地址运算符&将 x 的地址赋给指针变量 p。

```
p=&x;
```

此时，p 指向了 x。

2．间接访问

运算符：*

功能：访问指针变量所指向的变量。

例如：

```
int   x;        //定义整型变量 x
```

```
int  *p=&x;     //定义指向整型变量的指针 p，同时将 p 初始化为变量 x 的地址。
*p=3;           //此语句执行后将给变量 x 赋值 3，相当于 x=3。
```

可见，使用间接访问运算符"*"，可以通过指针变量访问它所指的变量，如图 6-2 所示。

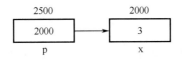

图 6-2 p 单元存放单元 x 的地址

值得注意的是：在通过指针变量给其他变量赋值之前，必须使指针有明确的指向，否则可能会出现严重问题。请比较如下两段程序：

请注意，右边程序段中的 p 是一个无向指针变量，它的指向不确定，如果它刚好指向程序的某个使用中的单元，则这个单元的值被改变，程序就会出现预料之外的结果。

3. 赋值

在 C++中，对指针变量的赋值只能有 3 种操作：同类型指针变量之间的赋值运算、通过取地址运算符&取变量的地址赋给指针变量、给指针变量赋 0 值。

例如：

```
int  x;
int  *p1,*p2,*p3;
p1=&x;
p2=p1;
p3=0;
```

程序段执行后，p1 获得变量 x 的地址，p2 亦获得 x 的地址，即 p1 指向 x，p2 亦指向 x，p3 的值为 0。

给指针变量赋 0 值还可以写成 p=NULL。

NULL 是一个符号常量，代表数据 0，在 iostream 头文件中已定义：#define NULL 0。

两个指针变量之间进行赋值时，类型必须匹配，否则编译时会出错。

4. 指针变量的运算

指针变量是一种特殊的变量，它存放的是地址，所以指针变量的运算是关于地址的运算。指针变量的运算种类是有限的，只能进行算术运算和关系运算。

（1）算术运算

指针变量可以执行的算术运算有指针变量加或减一个整型值、指针变量自加或自减、指向同一存储区的两个指针变量相减。

① 指针变量加上或减去一个整型值

设 p 是已定义的指针变量，n 是一个整型值，则可以有：

```
p+n、p-n
```

p+n 的运算结果为：指针变量 p 的值加上 n 个它所指的变量所占的字节，结果为 p 所指变量之后（地址增加方向）第 n 个变量的地址。

例如：

```
int    x,y,z;
int    *p=&x;*p1;
p1=p+2;
```

程序段执行之后，p1 的值为 p 所指变量之后的第 2 个变量的地址，即 z 的地址，如图 6-3 所示。

在上例中，假设在内存中，x、y、z 三个变量的存放情况如图 6-3 所示，则 p 的值为 2000，p、p1 的基类型均为整型，每个变量占 4 个字节，故 p1=2000+2×4=2008。

p-n 的运算规则同上，但执行的是减法，故结果为 p 所指变量之前（地址减小方向）第 n 个变量的地址。

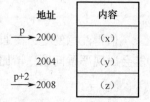

图 6-3　p+i 表示第 i 个单元

② 指针变量自加或自减

```
p++,  p--
```

与普通变量的自增、自减运算相同，指针变量的自增自减运算是使指针变量的值增 1 或减 1，即 p++相当于 p=p+1，p--相当于 p=p-1。

但是，请注意，这里的加 1 或减 1 的含义是一个 p 所指向的变量类型所占的字节数。也就是说，如果 p 指向了某个变量，p++则使 p 指向下一个变量，或 p--使 p 指向前一个变量。

③ 两个同类型指针相减

这一运算仅在两个指针指向同一连续存储区时才有意义，其结果为两指针相距的数据个数，如图 6-4 所示。

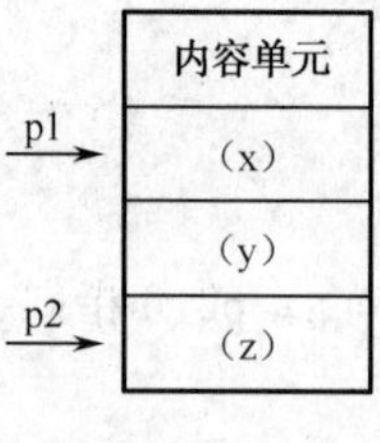

$$p1-p2=\frac{p1所指变量的地址-p2所指变量的地址}{一个该类型变量所占字节}$$

指针相减运算通常用于以指针方式访问数组元素的场合，可以计算两个指向同一数组的指针相距的元素个数。

图 6-4　两个单元的距离

（2）关系运算

两个同类型指针可以进行关系运算，但仅在两个指针指向同一个数组时，比较才有意义。

例如：

```
int    a[4]={1,2,3,4,},*p=&a[0],*q=&a[3],sum=0;
while(p<=q){sum+=*p;p++;}
```

指针还可以与 NULL 作相等或不等比较。通常用于访问链表节点时判别是否到达链表的尾节点。

例如：if(p= =NULL) p=p1;

6.5 通过指针变量访问变量

在 C++程序中，如果要访问某个变量，可以通过变量名来访问，也可以通过变量的地址来访问。

【例 6.1】 通过指针访问变量。

```
#include<iostream>
using   namespace std;
int   main( )
{    int    a,b;
     int    *pointer_1,*pointer_2;
     a=100;b=10;
     pointer_1=&a;   pointer_2=&b;
     cout<<a<<'  '  <<*pointer_1;
*pointer_2=50;    //通过指针变量将变量 b 的值改变为 50
cout<<b<<'  '  <<*pointer_2;
return 0;
}
```

运行结果为：

```
100   100
 50    50
```

【例 6.2】 通过指针交换变量的值。

```
#include<iostream>
using   namespace std;
int   main( )
{    int *p1,*p2,t,a,b;
     p1=&a;   p2=&b;
     cin>>a>>b;
     if(a<b)  {   t=*p1;*p1=*p2;*p2=t;}
      cout<<*p1<<'  '  <<*p2;
      cout<<a<<'  '  <<b;
       return 0;
}
```

若输入 4   5
运行结果为：

```
5  4
5  4
```

6.6 指针变量作为函数参数

从上节的两个例子可以看出，在定义了某种类型的变量，并定义了同类型的指针变量后，则对变量的访问既可以用变量名，也可以用指向该变量的指针。那么，定义指针变量有什么意义呢？

请分析下面的例 6.3。

【例 6.3】 输入两个整数 a 和 b，判别其大小，如果 a<b 则将两数对换。

```
#include<iostream>
using   namespace std;
void   swap(int   p1, int   p2)
{    int    temp;
     temp=p1;    p1=p2;    p2=temp;
}
int    main(  )
{   int    a,b;
    cin>>a>>b;
    if(a<b)   swap(a,b);        //如果 a<b，则调用 swap 函数将两数对换。
    cout<<a<<'  '<<b;
     return 0;
}
```

在上面的程序中，函数 swap 实现两数对换功能，在主函数中输入两个整型数，判别其大小，若 a<b，则调用 swap 函数。但上机运行发现，两个数没能实现对换。这是因为，实参向形参传递数据是值传递，实参 a、b 的值对应传递给了 p1、p2，而 p1、p2 的值在函数 swap 的运行过程中得到了对换，但它们不能影响 a、b 的值。因为实参与形参占据的是不同的内存单元，如图 6-5 所示。

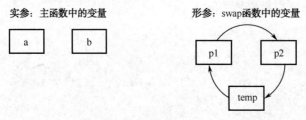

图 6-5　形参与实参的区别

这个问题可以通过运用指针得到解决。

【例 6.4】　通过指针变量间接修改其指向的变量，从而交换两个数。

```
#include<iostream>
using   namespace std;
swap(int   *p1, int   *p2)
{    int    temp;
     temp=*p1;    *p1=*p2;    *p2=temp;
}
 int   main(  )
{   int    a,b,*pointer1=&a,*pointer2=&b;
    cin>>a>>b;
    if(a<b)
        swap(pointer1,pointer2);        //如果 a<b，则调用 swap 函数将两数对换。
    cout<<a<<'  '<<b;
return 0;
 }
```

注意，在例 6.4 中，函数的参数是指针变量，那么在调用 swap 函数时，是把变量 a、b 的地址传递给了 p1、p2，因此在函数 swap 中，通过指针变量 p1、p2 访问的是主函数中变量 a、 b，从而实现了 a、b 两数对换，如图 6-6 所示。

实参：主函数中的变量   形参：swap函数中的变量

图 6-6   通过指针实现两个变量交换

6.7   指针变量与一维数组

在前面的学习中，我们已经了解到，数组是连续存放的一组同类型数据，数组名代表数组的首地址，如果定义一个指针变量存放数组首地址，则这个指针变量指向数组首元素，程序中就可以通过指针变量访问数组元素。

【例 6.5】   通过指针变量访问数组元素。

```cpp
#include<iostream>
using   namespace std;
int    main( )
{ int   a[10];                //定义含有 10 个整型数的数组
 int   *p;                    //定义指向整型数据的指针变量，
 p=a;                         //使指针变量 p 指向数组的首地址
 for (i=0; p+i<a+9;i++)
  cin>>*(p+i);                //顺序输入 10 个整型数据给数组 a 的 10 个元素，
 for (;p<a+9;p++)
  cout<<*p;
 return 0;
}
```

在例 6.5 中，要注意以下两个问题。

（1）主函数第 3 句 p=a，是将数组首地址赋值给指针变量 p，由于数组名实质上代表数组的首地址，因此不用取地址运算符，如果写成 p=&a 是错误的。但如果将某个数组元素的地址赋值给指针变量，则需要取地址运算。例如：p=&a[0];或 p=&a[5];。

（2）例中的两个 for 循环的作用分别是逐个给数组 a 的元素赋值，以及逐个输出数组元素的值，均使用了指针变量访问数组元素，但它们的使用形式不同。第 1 个 for 循环中，p 始终指向首元素，对其他元素的访问通过 p+i 计算地址实现。而第 2 个 for 循环中，指针变量 p 开始时指向首元素，每完成一次输出，通过运算 p++使 p 指向下一个元素。

在前面的学习中我们知道，对数组元素的访问可以通过数组名+下标的形式，如：cin>>a[0];或 cout<<a[i];。现在我们又了解到，可以通过指针变量对数组元素进行访问，下面把对数组元素的访问方式归纳如下。

（1）下标法。

数组名[下标]。如 a[0]、a[5]等。

在 C++中，方括号[ ]也是运算符——数组元素访问运算符，也称下标运算符。a[i]的运算规则为：先按 a+i×d 计算数组中第 i 个元素的地址，然后访问它。其中，d 为一个该类型的数组元素所占字节数。例如，若 a 为整型数组，则 d=4，若 a 为双精度型数组，则 d=8。

根据下标运算符[ ]的运算规则，若定义了指向数组首元素的指针变量 p，也可以通过 p[0]、p[5]的形式访问数组中的元素。

（2）地址法。

定义指针变量指向数组首元素，然后通过*(p+i)的形式访问第 i 个元素（参见例 6.5）。

由于数组名也具备地址的性质，故例 6.5 中的*(p+i)也可改为*(a+i)。这两种方式实现的效果相同，不同之处在于：p 是指针变量，它的指向是可变的，而 a 是指针常量，它已被定义指向数组首地址，不能改变。

（3）指针法。

定义指向数组首元素的指针变量，通过*p 的形式访问 p 所指向的数组元素，并通过 p++运算使 p 指向下一个元素（参见例 6.5）。

比较以上 3 种方法，下标法比较直观，但效率不高，因为每次访问数组元素前都要根据下标计算元素的地址。地址法的运行效率与下标法相同。指针法不太直观，但它的运行效率比前两者高，因为不需要计算元素的地址，而 p++这样的运算是比较快的。

6.8 指针与字符串

在 C++中，字符串可以用数组来处理，因此也可以通过指向字符的指针来处理字符串。

【例 6.6】 将一个字符串逆序输出，用指针处理。

```
#include<iostream>
using   namespace std;
int   main( )
{ char   c[10]= "ABCDEFGHI";    //定义含有 10 个字符型数据的数组
  char   *p;    //定义指向字符型数据的指针变量，
 p=&c[9];        //使指针变量 p 指向数组的最末一个元素
 for (; p>=c;p--)
cout<<*p;    //自尾向前逐个输出字符串中的字符
 return 0;
 }
```

运行结果：IHGFEDCBA

在程序中，定义了指向字符型数据的指针变量 p，并使它指向数组最末一个元素，在循环中，通过 p--改变 p 的指向，由后向前逐个输出字符。

请注意比较下面的例 6.7 中指针变量的使用。

【例 6.7】 用指针变量输出字符串。

```
#include<iostream>
using   namespace std;
int   main( )
{  char    c[10]= "ABCDEFGHI";    //定义含有 10 个字符型数据的数组
   char    *p;              //定义指向字符型数据的指针变量，
   p=&c[0];              //指针变量 p 指向数组的第一个元素
   cout<<p<<endl;
```

```
    return 0;
}
```

运行结果：ABCDEFGHI

如果指针变量 p 是字符型指针，那么当它作为 cout 的输出项时，输出的是它所指向的字符串，直到遇到"\0"才停止。

6.9　指向一维数组的指针变量

指针变量可以指向某个元素，也可以指向一组连续存放的元素，即指向一维数组。指向一维数组指针变量定义的格式如下：

```
基类型    (*变量名)[m];
```

例如：

```
int    (*p1)[5];
double   (*p2)[6];
```

p1 为指向 5 个连续存放的整型数据的指针变量，p2 为指向 6 个连续存放的双精度数据的指针变量。

以这种格式定义的指针变量不是指向一个元素，而是指向一组元素。若有运算 p1++，则p1 指向下一组元素，即当 p1 增值 1 时，其地址增加一组数据所占的字节数。

指向由多个元素组成的一维数组的指针变量也称为行指针。

指向由多个元素组成的一维数组的指针变量可以用于处理多维数组。

6.10　指针与二维数组

一个 m 行 n 列的二维数组，可以看成由 m 个元素组成的一维数组，而这个数组的每个元素又是由 n 个元素组成的一维数组。这种分解多维数组的方式对于用指针变量处理多维数组带来了很大方便。

假设定义了如下 2 行 3 列的数组：

```
int   a[2][3];
```

我们可以将它看作是由两个元素组成，每个元素是一个由 3 个元素组成的一维数组，如图 6-7 所示。

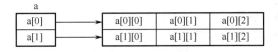

图 6-7　二维数组的表示与存储

a[0]为第一行的数组名，它指向第一行的首元素，即 a[0]的值为元素 a[0][0]的地址；a[1]为第二行的数组名，它指向第二行的首元素，a[1]的值为元素 a[1][0]的地址。

请注意二维数组名 a 的性质是什么？由于组成 a 的元素是一维数组，因此 a 是指向一维数组的指针变量，可称为行指针。a+1 则指向下一行。*a 和*(a+1)则等价于 a[0]和 a[1]，是分别指向 a[0][0]元素和 a[1][0]元素的指针，称为元素指针。

【例 6.8】 通过行指针变量访问二维数组。

```cpp
#include<iostream>
using    namespace std;
int main()
{
    int    a[3][3]={1,3,5,7,9,2,4,6,8};
    int    (*p)[3];
    int    i,j;
    p=a;          //a、p 均为指向 3 个整型数的行指针变量，可以互相赋值
    for(i=0;i<3;i++)
        for(j=0;j<3;j++)
            cout<<p[i][j];
    return 0;
}
```

6.11 多级指针与指针数组

1. 概念

指针变量中存放着某个变量的地址，我们称指针指向了该变量。指针变量可以指向整型、实型、字符型或其他类型的变量，如果它指向的是指针变量，那么它就是指向指针的指针变量，即多级指针。如图 6-8 所示，x 是整型变量，其存放在地址为 2000 的内存单元中；p 是指向 x 的指针变量，ps 是指向 p 的指针变量，这样 ps 是二级指针。如果定义指针 pd 指向 ps，则 pd 是三级指针。

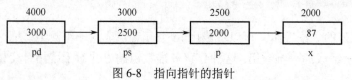

图 6-8 指向指针的指针

2. 多级指针的定义

```cpp
int    x=87;
int *p=&x;              //定义指向整型变量的一级指针
int    **ps=&p;         //定义二级指针
int    ***pd=&ps;       //定义三级指针
```

3. 使用多级指针访问变量

【例 6.9】 使用多级指针访问变量。

```cpp
#include<iostream>
using    namespace std;
int main()
{
int    a[9]={1,3,5,7,9,2,4,6,8};
```

```
int     *p1=a;
int     **p2=&p1;
cout<<**p2<<' \t' ;
p1=&a[4];
cout<<**p2<<endl;
return 0;
}
```

运行结果为：

```
1       9
```

在例 6.9 中，p2 为二级指针，对它进行一次间址运算*p2，得到它所指向的指针变量 p1，第二次间址运算**p2，相当于*p1，结果为 p1 所指向的变量。

4. 指针数组

数组是若干同类型数据的集合，若组成数组的元素都为指针变量，则这个数组就是指针数组。指针数组的定义形式如下。

```
int     *p[5];
```

定义了一个指针数组，内含 5 个指针变量。

【例 6.10】 利用一维指针数组引用二维数组中的元素。

```
#include<iostream>
using   namespace std;
int main()
{
    int   a[3][3]={1,3,5,7,9,2,4,6,8};
    int i,j;
    int    *p[3];
    for(i=0;i<3;i++) p[i]=a[i];          //将每行的行首地址赋值给指针数组中的指针变量
    for(i=0;i<3;i++)
    { for(j=0;j<3;j++)
        cout<<p[i][j]<<'  ' ;
        cout<<endl;
    }
    return 0;
}
```

运行结果：

```
1 3 5
7 9 2
4 6 8
```

例 6.10 中，指针数组各元素的指向如图 6-9 所示。

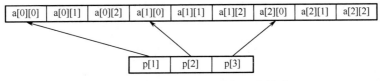

图 6-9　各指针与数组各行的对应关系

指针数组一般用于处理二维数组。使用指针数组处理多个字符串比用二维数组处理字符串更灵活方便。

【例 6.11】 将 5 个字符串按字典顺序排序后输出。

```cpp
#include<iostream>
using    namespace std;
int main()
{    char    *s[5]={ "Assembly Language Programming ",
                    "Introduction of Computer Science",
                    "Computer Operating System",
                    "Constitute of Computer",
                    "technology of Network"};
     char    *p;
     int   i,j,k;
     for (i=0;i<4;i++)
     {    k=i;
          for(j=i+1;j<5;j++)
               if(strcmp(s[k],s[j])>0)    k=j;
          if(k!=i)
          {     p=s[i];s[i]=s[k];s[k]=p;   }
     }
     for(i=0;i<5;i++)
          cout<<s[i]<<endl;
     return 0;
}
```

运行结果：

```
Assembly Language Programming
Computer Operating System
Constitute of Computer
Introduction of Computer Science
technology of Network
```

在例 6.11 中，定义了含 5 个字符型指针变量的指针数组，每个指针指向一个字符串。其内存中的指向关系如图 6-10 所示。程序采用选择法排序。排序时，改变的是指针数组各元素的指向而字符串的顺序不变。经排序后指针数组中各指针的指向关系如图 6-11 所示。

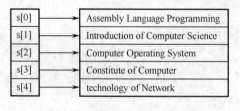
图 6-10 指针数组与多个字符串

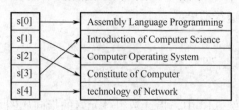
图 6-11 排序后的指针数组与多个字符串

6.12　返回指针的函数

函数在调用结束时可以通过 return 返回一个值，这个返回值可以是普通类型变量，也可以是指针变量。当返回一个指针变量时，该函数就称为指针类型的函数。

指针类型函数的定义格式：

```
数据类型    *函数名（参数表）
{
     函数体
}
```

例如：

```
float    *max(float  *x,float  *y )
{    if(*x>*y)return   x;
    else   return y;
}
```

定义了一个返回 float 型指针的函数。

在定义返回指针的函数时，要特别注意变量的作用域问题。如下面的函数是不正确的。

```
char    *getname(  )
{    char    name[20];
     cout<<"Enter your name";
     cin>>name;
     return name;
}
```

这个函数有错误，因为 name 是局部变量，当函数结束时，它所占用的空间被释放，虽然其首地址返回到主函数中，但不能通过这个首地址访问原字符串。

6.13　函数指针

1.　函数指针的概念

在程序运行时，不仅数据要占据内存空间，程序的代码也被调入内存并占据一定的空间。一个函数被编译连接后生成一段二进制代码，该段代码被存入内存时的首地址称为函数的入口地址。而函数名就表示函数的首地址。

函数的首地址即函数指针。

2.　指向函数入口地址的指针变量

如果定义指针变量用于存放函数的首地址，这样的指针变量称为函数指针。

函数指针的定义格式：

```
数据类型    (*指针变量名)（形参列表）
```

例： int   (*p)(int   x,int   y);

p 为函数指针变量，指向一个有两个整型参数、返回值为整型的函数。

定义了函数指针变量之后，就可以通过它调用函数。函数名实质上也是函数指针，通过函数名调用函数我们在前面的章节中已经学过。但函数名是指针常量，它的指向不能改变。而函数指针变量则可以改变指向，因此在程序中可以给函数指针赋不同的值，使它能调用不同的函数，以提高程序设计的灵活性。

3. 函数指针的使用

在使用函数指针进行函数调用之前，要对它进行赋值，使指针指向一个已经存在的函数的起始地址。

给函数指针赋值的一般形式如下：

函数指针名=函数名；

通过函数指针调用它所指向的函数的一般形式如下：

函数指针名（实参表）；

【例6.12】 根据输入要求执行不同函数。

```
#include<iostream>
using    namespace std;
int main()
{    int   i;
     void    (*p)();
     void   print_star();
     void    print_message();
     while(1)
     {    cin>>i;
          if(i==3) break;                //输入 3 则退出程序
          switch(i)
          {    case 1: p=print_star;      break;    //为函数指针赋值
               case 2: p=print_message;      break;
               default: cout<<"输入错误，请输入 1~3 的数字"<<endl;
                    continue;            //若输入错误则结束本次循环，进行下一次循环
          }
          p();                 //通过函数指针调用函数
}
return 0;
}
void    print_star()
{    cout<<"**********"<<endl; }
void    print_message()
{    cout<<"Hello    C++!"<<endl; }
```

程序根据用户输入执行不同的函数。通过指向函数的指针 p 实现函数的调用，而 p 的指向由用户输入的数字决定，在 switch 结构中赋不同的值。

在上面的例子中，使用函数名调用函数也可实现相同的功能，为什么要定义一个函数指针呢？事实上，函数指针主要用于作为函数的参数。C++允许在调用一个函数时把另一个函数作为参数传给被调用函数。这时，被调用函数的形参定义为函数指针，调用的实参为一个函数名。这样就可以在调用一个函数的过程中根据给定的不同实参调用不同的函数。

【例 6.13】 函数指针作为函数的参数。

用一个函数 process 处理两个数据，第 1 次调用求出两数中的大者，第 2 次调用求出两数中的小者，第 3 次调用求出两数之和。我们可以分别写 3 个函数 max、min、add 实现这 3 种功能，在调用函数 process 时，分别以不同的函数名作为实参，以完成不同的功能。

```
#include<iostream>
using   namespace std;
int max(int   x, int   y);
int min(int   x, int   y);
int add(int   x, int   y);
int process(int   x, int   y, int   (*p)( int   i, int   j));
int   main()
{    int   a,b,c;
     cout<<"Enter   a ,b:"<<endl;
     cin>>a>>b;
     c=process(a,b,max);
     cout<<"max="<<c<<endl;
     c=process(a,b,min);
     cout<<"max="<<c<<endl;
c=process(a,b,add);
     cout<<"max="<<c<<endl;
}
int add(int   x, int   y)
{    return   x+y;   }
int   max(int   x, int   y)
{   if(x>y)   return   x;
      else   return   y;
}
 int   min(int   x, int   y)
 {   if(x<y)   return   x;
      else   return   y;
}
int process(int   x, int   y, int   (*p)( int   i, int   j))
{   int   z;
    z=p(x,y);
return   z;
 }
```

从例 6.13 中可以看到，不论是求最大值、最小值，还是求和，process 函数的语句均无须变动，而只是在调用时给出不同的实参，它就可以实现不同的处理。这样就增加了函数使用的灵活性。

6.14   关于指针若干概念的总结

指针是 C++中一个非常重要的数据类型，它提供了一种通过地址访问内存单元的手段，使用它可以对各种类型数据进行快速有效的操作。有些数据结构通过指针可以很方便地实现，而用其他方法则比较难。但是，指针又是较难掌握的概念。如果使用不当，带来的破坏性也很大，而且产生的错误和故障比较隐蔽，难以排查。因此学习中要注意弄清概念，多思考，多比较，深入理解指针的本质，只有掌握其使用方式，才能写出灵活高效、质量优良的程序。下面对本章讲述的与指针相关的概念进行归纳。

1. 指针和指针变量

指针即内存单元的地址。存放内存单元地址的变量就是指针变量。

2. 各种有关指针的数据类型的定义

```
int    *p;
```

定义 p 为指向整型数据的指针变量。

```
int    *p[n];
```

定义 p 为指针数组，其中含 n 个指向整型数据的指针变量。

```
int    (*p)[n];
```

定义 p 为指向连续存放的 n 个整型数据的指针变量，也可称为行指针。

```
int    **p;
```

定义 p 为一个二级指针变量，指向整型指针。

```
int    (*p)()
```

定义 p 为指向函数的指针变量，该函数返回整型值。

3. 有关指针的运算

指针变量是存放地址的变量，因此指针的运算是关于地址的运算，其运算结果是地址值。指针的运算结果与指针变量的基类型有关。例如，有如下定义：

```
int    a[2][3]={{1,2,3},{4,5,6}};
int    *p1=&a[0][0];
int    (*p2)[3]=&a[0];
```

图 6-12　不同基类型的指针

p1、p2 获得同一个元素的地址，但它们的基类型不同，p1 指向单个整型变量，p2 指向 3 个连续存放的整型变量。假设数组 a 的首地址为 2000，则定义后 p1、p2 的值均为 2000，若对它们执行自加运算 p1++、p2++，p1 指向第 2 个数组元素，其值为 2000+4=2004，而 p2 指向第二行的第 1 个元素，其值为 2000+12=2012，如图 6-12 所示。

指针变量所能进行的运算是有限的。一般来说，指针变量可以实现的运算有如下 4 种。

（1）赋值运算。

（2）指针变量加（或减）一个整数，包括自加、自减运算。

（3）在一定条件下，两个指针变量相减。

（4）在一定条件下两指针变量进行关系运算。

6.15 引用

引用（Reference）是 C++的一个重要概念。它不是定义一个新的变量，而是为一个已定义的变量起一个别名。

1. 引用的定义

引用定义的格式如下：

```
类型    &引用名=变量名
```

假设已定义整型变量 a：

```
int    a;
```

若需定义 a 的引用 b，可用如下语句：

```
int    &b=a;                    //声明 b 是 a 的引用
```

此时 b 和 a 占内存中的同一个存储单元，它们具有同一地址。

2. 引用的性质

引用是另一变量的别名，因此引用与被引用变量都代表同一变量。所有对引用的操作实际上都是施加在被引用的变量上。

【例 6.14】 引用和变量的关系。

```
#include<iostream>
using    namespace std;
int    main()
{    int    a;
     int    &x=a;
     cin>>a;
     cout<<"x="<<x<<endl;
     x=x+5;
     cout<<"a="<<a<<endl;
}
```

若输入的数据为 5，则运行结果为：

```
x=5
a=10
```

在例 6.14 中，变量 a 的值由键盘输入，而 x 是 a 的引用，它们占据同一内存单元，因此输出 x 即是输出 a 的值，x=x+5 也是施加在 a 上的运算。

3. 对引用变量的规定

在使用引用时，应注意如下几个问题。

（1）引用在定义时必须初始化。

（2）引用变量一经定义，不能再作为其他变量的引用（别名）。

下面的用法是错误的：

```
int    a1, a2;
```

```
int    &b=a1;          //定义 b 是 a1 的引用
       &b=a2;          //错误，不能使 b 又变成 a2 的引用（别名）
```

4. 引用作为函数参数

引用变量的主要用途是作为函数的参数或函数的返回值。

【例 6.15】 引用作为函数参数实现两数交换。

```
#include <iostream>
using namespace std;
int main( )
{    void swap(int &,int &);
     int i=3,    j=5;
     swap( i, j );
     cout<<" i=" <<i<<"    " <<" j=" <<j<<endl;
     return 0;
 }
void    swap(int &a, int &b)              //形参是引用类型
{    int temp;
     temp=a;
     a=b;
     b=temp;
 }
```

运行结果：i=5   j=3

与例 6.4 比较可以发现，引用作为函数参数，效果与指针变量作为函数参数一样，可以修改被调用函数中的变量的值。实质上，引用是一种"隐式指针"，通过它可以访问它引用的变量，且不需*运算符。引用变量的主要特点是与原变量保持地址一致。

指针是通过地址间接访问某个变量，而引用通过别名直接访问某个变量。使用引用作为函数参数，其语法更简单、直观、方便。因此，引用可以部分代替指针的操作。有些过去只能用指针来处理的问题，现在可以用引用来代替，从而降低了程序设计的难度。

6.16 本章小结

指针是 C++语言的一个重要特色。通过指针可以对各种类型的数据进行方便灵活的访问。但同时，指针又是最容易令人困惑并导致程序出错的原因之一。因此在学习指针的过程中，必须明确概念，把握本质。本章介绍了指针的基本概念以及指针变量的应用。指针变量的本质是通过地址访问程序实体（如变量、数组、函数等），通常用于函数的参数传递。通过指针变量访问内存单元有利于提高程序的效率。

引用是一种隐式指针，使用引用部分代替指针，可以使程序语句更简单、安全、直观。

习题六

1. 输入 3 个整型变量 i、j、k，设置 3 个指针分别指向这 3 个变量，并通过指针交换 3 个

变量的值的顺序，然后输出 i、j、k。

2．写一个函数 int fun(char *s)，求字符串长度。在主函数输入字符串并输出结果。不使用 C 语言提供的 strlen 函数。

3．编写一个函数，分别统计 n 以内能被 5 和 11 整除的自然数的个数，在主函数中输出结果。n 由键盘输入。

4．定义数组：int a[8]={1,2,3,4,5,6,7,8}；以及指针变量：int *p=a，**pp=&p；编程输出以下表达式的值：a，p，pp，p+1，*a，*p，*pp，*（a+1），*(p+1)，a[5]，p[5]，p++。

5．编写一个函数 char* fun(char *s,char *t)，其功能是：比较两个字符串的长度，返回较长的字符串，如果两个字符串相等，返回第 1 个字符串。（不使用 C 语言提供的 strlen 函数）。

6．在主函数中定义并初始化数组 int a[10]={12,23,34,45,98,67,4,22,56,40};编写函数 int* f(int *s，int n，int *k)，查找数组中最大元素及其下标值和地址值。在主函数中输出结果。（注：n 为数组长度，f 函数返回最大元素的地址。）

7．编写函数 fun()，将 3 行 4 列的整型二维数组中的数据按行的顺序依次放入一维数组中。在主函数中定义二维数组及存放结果的一维数组，并输出结果。

fun 函数的原型：void fun(int (*s)[4]，int *a，int mm，int nn)。

8．有 4 名学生，每个学生考 4 门课程，编写一个函数，其功能是：输出第 n 门课单科最高分的学生的全部成绩，用指针型函数实现。主函数定义学生成绩数组，并输出结果。n 由键盘输入。函数原型：float *search(float (*p)[4],int n);。

第7章

结构体与共用体

7.1 定义结构体的一般形式

结构体是指不同数据类型基本变量的集合。

在实际问题中，一组数据往往具有不同的数据类型。例如，学生信息登记表中，学号为字符串类型；姓名为字符串类型；班级为字符串类型；出生年月为字符串类型；性别为字符串类型；电话号码为整型。显然，我们无法用一个数组来存放这一组数据。因为数组中各元素的类型和长度都必须一致。为了解决这个问题，C 语言可以根据事物的客观属性，自己构造数据类型，即 "结构（structure）" 或 "结构体"。

结构体是一种数据类型，和基本数据类型中的字符型和整型数据类型一样。不同的是，结构由基本类型数据组成，组成方式由我们自定义。因此，结构的根本意义在于，它给我们提供了在一个节点内封装一组数据的能力。

结构体既然是一种 "构造" 而成的数据类型，那么在说明和使用之前必须先定义它，也就是构造它。这如同在说明和调用函数之前要先定义函数一样。定义一个结构的一般形式为：

```
struct  结构名{
成员列表
};
```

成员表列由若干个成员组成，每个成员都是该结构的一个组成部分。对每个成员也必须作类型说明，其形式为：

```
类型说明符 成员名;
```

学生信息记录表可以看成由一组记录组成，记录是表的数据结构元素。

学生信息记录表

学号 （num）	姓名 （name）	班级 （class）	性别 （sex）	生年月日 （birthday）	联系电话 （tel）
120094	李楠	软件工程	男	1987.12.1	56241234
120101	张梅	软件工程	女	1987.11.12	56244567
121499	吴生华	信息科学	女	1987.2.1	56248910
121501	吕剑	信息科学	男	1987.5.7	56241122
121503	李立群	信息科学	女	1987.11.30	56241213

可以用 C 语言的结构定义表的基本结构，用数组变量定义相应的数据关系。

```
struct student{
            char num[20];
            char name[40];
            char class[40];
            int   sex;
            char birthday[20];
            int tel;
                   };
struct    student   s[4];
```

其中：

```
s[0]=（120094，李楠，软件工程，男，1987.12.1，56241234）
s[1]=（120101，张梅，软件工程，女，1987.11.12，56244567）
s[2]=（121499，吴生华，信息科学，女，1987.2.1，56248910）
s[3]=（121501，吕剑，信息科学，男，1987.5.7，56241122）
s[4]=（121503，李立群，信息科学，女，1987.11.30，56241213）
```

7.1.1 结构体类型变量的说明

说明结构变量有以下几种方法。

1. 先定义结构体类型，再说明结构体变量

```
struct stu{
        int num;
        char name[20];
        char sex;
        float score;
    };
    struct stu boy1,boy2;
```

其中定义了两个 stu 结构类型的变量 boy1 和 boy2。也可以用宏定义使一个符号常量来表示一个结构类型。例如：

```
#define STU struct stu
STU{
        int num;
```

```
        char name[20];
        char sex;
        float score;
        };
STU boy1,boy2;
```

2. 在定义结构体类型的同时说明结构变量

```
struct stu{
        int num;
        char name[20];
        char sex;
        float score;
}boy1,boy2;
```

两种方法中说明的 boy1 和 boy2 变量都具有图 7-1 所示的存储结构，它在内存中占用连续的一块存储区域。

num	name[20]	sex	score

2000　　2002　　　　　　　　　　　2022　2023

图 7-1　结构体的存储形式

将 boy1、boy2 变量定义为 stu 类型后，即可向这两个变量中的各个成员赋值。在上述 stu 结构定义中，所有的成员都是基本数据类型或数组类型。成员也可以又是一个结构，即构成了嵌套的结构。例如，图 7-2 给出了另一个数据结构。

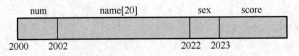

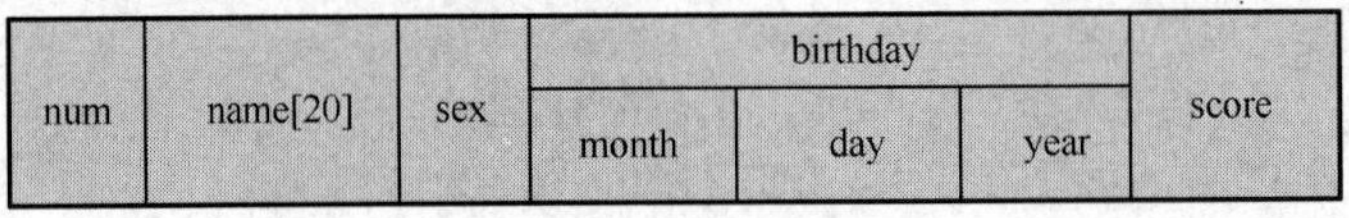

图 7-2　结构体的嵌套

按图 7-2 可给出以下结构体定义。

```
struct date{
int month;
int day;
int year;
};
struct{
int num;
char name[20];
char sex;
struct date birthday;
float score;
}boy1,boy2;
```

首先定义一个结构体 date，由 month（月）、day（日）、year（年）3 个成员组成。在定义并说明变量 boy1 和 boy2 时，其中的成员 birthday 被说明为 data 结构类型。成员名可与程序中其他变量同名，互不干扰。

7.1.2　访问结构体变量的元素

结构体中的单个元素可以用操作符"."来访问。

在程序中使用结构体变量时，往往不把它作为一个整体来使用。在 ANSI C 中除了允许具有相同类型的结构体变量相互赋值以外，一般对结构体变量的使用包括赋值、输入、输出、运算等，这些操作都是通过结构变量的成员来实现的。表示结构变量成员的一般形式如下。

结构变量名.成员名

例如：

```
boy1.num            //即第一个人的学号
boy2.sex            //即第二个人的性别
```

如果成员本身又是一个结构则必须逐级找到最低级的成员才能使用，例如：

```
boy1.birthday.month
```

这样可以访问第一个人出生的月份，可以在程序中单独使用它，与普通变量完全相同。

7.1.3　结构体变量的赋值

结构体变量的赋值就是给各成员赋值，可用输入语句或赋值语句来完成。

【例 7.1】　给结构体变量赋值并输出其值。

```cpp
#include<iostream>
#include <string>
using    namespace std;
struct stu {     /*定义结构*/
    int num;
     char name[12];
     char sex[3];
     float score;
    }boy2,boy1;
int main(void)
{
    boy1.num=102;
    strcpy(boy1.name,"张平");
    strcpy(boy1.sex,"男");
    boy1.score=75.5;

    boy2=boy1;

    cout<<"Number="<< boy2.num<<endl;
    cout<<" Name="<< boy2.name<<endl;
    cout<<"Sex="<< boy2.sex<<endl;
    cout<<"Score="<<boy2.score<<endl;
    return(0);

}
```

和其他类型变量一样，可以在定义结构变量时进行初始化赋值。

【例7.2】 结构体变量在定义时进行初始化赋值。

```
#include<iostream>
using    namespace std;
struct stu {    /*定义结构*/
int num;
            char name[12];
            char sex[3];
            float score;
            }boy2,boy1={102,"Zhang ping",'M',78.5};;;
int main(void)
{
    boy2=boy1;
    cout<<"Number="<< boy2.num<<endl;
    cout<<" Name="<< boy2.name<<endl;
    cout<<"Sex="<< boy2.sex<<endl;
    cout<<"Score="<<boy2.score<<endl;
    return(0);
}
```

7.1.4 结构体类型的数组

既然结构体类型的变量是数据变量，它就可以连续存储在内存中，也就是说，可以构成结构体类型数组。结构体类型的数组的每一个元素都是具有相同结构体类型的数据元素。例如：

```
struct stu{
        int num;
        char *name;
        char sex;
        float score;
        }boy[5];
```

定义了一个结构体数组 boy，共有 5 个元素，boy[0]～boy[4]。每个数组元素都具有 struct stu 的结构形式。对结构体数组可以进行初始化赋值。

【例7.3】 计算学生的平均成绩和不及格的人数。

```
#include<iostream>
using    namespace std;
struct stu{
    int num;
    char name[12];
    char sex;
    float score;
}boy[5]={
        {101,"Li ping",'M',45},
        {102,"Zhang ping",'M',62.5},
        {103,"He fang",'F',92.5},
```

```
                {104,"Cheng ling",'F',87},
                {105,"Wang ming",'M',58},
            };
    int main(void)
    {
        int i,c=0;
        float ave,s=0;
        for(i=0;i<5;i++){
                s+=boy[i].score;
                if(boy[i].score<60) c+=1;
        }
        cout<<"s="<<s<<endl;
        ave=s/5;
    cout<<"average="<<ave<<endl;
    cout<<"count="<<c<<endl;
    return(0);
    }
```

当对全部元素进行初始化赋值时，也可不给出数组长度。例 7.3 的程序中定义了一个外部结构体数组 boy，共 5 个元素，并进行了初始化赋值。在 main 函数中用 for 语句逐个累加各元素的 score 成员值存于 s 之中，如果 score 的值小于 60（不及格），那么计数器 c 加 1。循环完毕后计算平均成绩，并输出全班总分、平均分及不及格人数。

7.2 指向结构体类型变量的指针

结构体变量在内存是连续存储的，一个指针指向一个结构变量，就是指向结构的首地址，这种指针称之为结构指针。通过结构指针即可访问该结构变量，这与数组指针和函数指针的情况是相同的。结构指针变量说明的一般形式为：

　　struct 结构名 *结构指针变量名;

例如，例 7.3 中定义了 stu 结构体，若要说明一个指向 stu 的指针变量 pstu，则如下操作：

　　　struct stu *pstu;

当然，也可在定义 stu 结构体时同时说明 pstu。与前面讨论的各类指针变量相同，结构体指针变量也必须要先赋值后才能使用。赋值是把结构体变量的首地址赋予该指针变量，不能把结构体名赋予该指针变量。如果 boy 是 stu 类型的结构体变量，则：

　　　pstu=&boy

是正确的，而

　　　pstu=&stu

是错误的。结构体名和结构体变量是两个不同的概念，不能混淆。结构体名只能表示一个结构形式，就像基本数据类型的 char 和 int 一样，编译系统并不给它分配内存空间。只有当某变量被说明为这种类型的结构体时，才对该变量分配存储空间。因此上面&stu 这种写法是错误的，不能取一个结构名的首地址。有了结构指针变量，就能更方便地访问结构变量的各个成员。其访问的一般形式为：

(*结构指针变量).成员名

或者：

结构指针变量->成员名

例如：

(*pstu).num

或者：

pstu->num

应该注意，(*pstu)两侧的括号不可少，因为成员运算符"."的优先级高于指针运算符"*"。如去掉括号写作*pstu.num 则等效于*(pstu.num)，这样的意义就完全不对了。下面通过例子来说明结构指针变量的具体说明和使用方法。

【例 7.4】 通过结构体指针变量访问结构体成员。

```cpp
#include<iostream>
using    namespace std;
struct stu{
            int num;
            char name[12];
            char sex;
            float score;
    } boy1={102,"Zhang ping",'M',78.5},*pstu;
int main(void)
{
    pstu=&boy1;
    cout<<"Number="<<boy1.num<<endl;
    cout<<"Name="<<boy1.name<<endl;
    cout<<"Sex="<<boy1.sex<<endl;
    cout<<"Score="<<boy1.score<<endl;

    cout<<"Number="<<(*pstu).num<<endl;
    cout<<"Name="<<(*pstu).name<<endl;
    cout<<"Sex="<<(*pstu).sex;
    cout<<"Score="<<(*pstu).score<<endl;

    cout<<"Number="<<pstu->num<<endl;
    cout<<"Name="<<pstu->name<<endl;
    cout<<"Sex="<<pstu->sex<<endl;
    cout<<"Score="<<pstu->score<<endl;
    return(0);

}
```

例 7.4 中的程序定义了一个结构体 stu，定义了 stu 类型的结构体变量 boy1，并对其进行初

始化赋值，还定义了一个指向 stu 类型结构体的指针变量 pstu。在 main 函数中，pstu 被赋予
boy1 的地址，因此 pstu 指向 boy1。然后在 printf 语句内用 3 种形式输出 boy1 的各个成员值。

```
结构变量.成员名
(*结构指针变量).成员名
结构指针变量->成员名
```

从运行结果可以看出这 3 种用于表示结构成员的形式是完全等效的。

7.3 结构类型指针变量作为函数参数

如果需要在函数之间传递一个结构体变量，应该和传递数组一样，传递一个指向结构体的
指针。虽然 C 语言允许用结构体变量作函数参数传送。但是这种传送要将全部成员逐个进行，
当成员包含有数组时，将会使传送的时间和空间开销很大，降低程序效率。

【例 7.5】　计算一组学生的平均成绩和不及格人数，用结构体指针变量作函数参数编程。

```cpp
#include<iostream>
using    namespace std;
void ave(struct stu *);
struct stu{
    int num;
    char name[12];
    char sex;
    float score;
    }boy[5]={
        {101,"Li ping",'M',45},
        {102,"Zhang ping",'M',62.5},
        {103,"He fang",'F',92.5},
        {104,"Cheng ling",'F',87},
        {105,"Wang ming",'M',58},
        };
int main(void)
{
    struct stu *ps;
    ps=boy;          //取得结构数组首地址
    ave(ps);
    return(0);
}
void ave(struct stu *ps)
{
    int c=0,i;
    float ave,s=0;
    for(i=0;i<5;i++,ps++){
        s+=ps->score;
        if(ps->score<60) c+=1;
        }
```

```
        cout<<"s="<<s<<endl;
        ave=s/5;
        cout<<"average="<<ave<<endl;
        cout<<"count="<<c<<endl;
}
```

本程序中定义了函数 ave，其形参为结构指针变量 ps。boy 被定义为外部结构体数组，因此在整个源程序中有效。在 main 函数中定义了结构体指针变量 ps，并把 boy 的首地址赋予它，使 ps 指向 boy 数组。然后以 ps 作实参调用函数 ave。在函数 ave 中完成计算平均成绩和统计不及格人数的工作，并输出结果。

7.4 动态存储分配

C 语言中，数组的长度是预先定义好的，在整个程序中固定不变。C 语言中不允许动态数组类型。例如：

```
int n;
    scanf("%d",&n);
int a[n];
```

其中，用变量表示长度，想对数组的大小进行动态说明，这是错误的。但是在实际的编程中，往往会发生这种情况，即所需的内存空间取决于实际输入的数据，无法预先确定。对于这种问题，用数组的办法很难解决。为了解决上述问题，C 语言提供了一些内存管理函数，这些内存管理函数可以按需要动态地分配内存空间，也可以把不再使用的空间回收待用，为有效地利用内存资源提供了手段。常用的内存管理函数有以下 3 个。

（1）分配内存空间函数 malloc

malloc 函数调用形式如下：

```
(类型说明符*)malloc(size)
```

功能：在内存的动态存储区中分配一块长度为 size 字节的连续区域。函数的返回值为该区域的首地址。

类型说明符表示把该区域用于何种数据类型。

(类型说明符*)表示把返回值强制转换为该类型指针。

size 是一个无符号数。

例如：

```
pc=(char *)malloc(100);
```

表示分配 100 个字节的内存空间，并强制转换为字符数组类型，函数的返回值为指向该字符数组的指针，把该指针赋予指针变量 pc。

（2）分配内存空间函数 calloc

calloc 也用于分配内存空间，调用形式如下：

```
(类型说明符*)calloc(n,size)
```

功能：在内存动态存储区中分配 n 块长度为 size 字节的连续区域。函数的返回值为该区域的首地址。(类型说明符*)用于强制类型转换。calloc 函数与 malloc 函数的区别仅在于一次可以分配 n 块区域。例如：

```
ps=(struct stu*)calloc(2,sizeof(struct stu));
```

其中的 sizeof(struct stu)是求 stu 的结构长度。因此该语句的意思是：按 stu 的长度分配 2 块连续区域，强制转换为 stu 类型，并把其首地址赋予指针变量 ps。

（3）释放内存空间函数 free

free 函数的调用形式如下：

```
free(void*ptr);
```

功能：释放 ptr 所指向的一块内存空间，ptr 是一个任意类型的指针变量，它指向被释放区域的首地址。被释放区应是由 malloc 或 calloc 函数所分配的区域。

【例 7.6】 分配一块区域，输入一个学生数据。

```cpp
#include<iostream>
#include <malloc.h>
#include <stdlib.h>
int main(void)
{
    struct stu{
        int num;
        char *name;
        char sex;
        float score;
        }*ps;
    ps=(struct stu*)malloc(sizeof(struct stu));        //申请内存
    if(!ps){           //不成功则退出
        printf("memorizer over\n");
        exit(-1);
        }
    ps->num=102;
    ps->name="Zhang ping";
    ps->sex='M';
    ps->score=62.5;
    printf("Number=%d\nName=%s\n",ps->num,ps->name);
    printf("Sex=%c\nScore=%.2f\n",ps->sex,ps->score);
    free(ps);           //释放内存
    return(0);
}
```

例 7.6 中定义了结构体 stu，定义了 stu 类型的指针变量 ps。然后分配一块 stu 大小的内存区，并把首地址赋予 ps，使 ps 指向该区域。再以 ps 为指向结构的指针变量对各成员赋值，并用 printf 输出各成员值。最后用 free 函数释放 ps 指向的内存空间。整个程序包含了申请内存空间、使用内存空间、释放内存空间 3 个步骤，实现存储空间的动态分配。

7.5 链表的概念

假设我们建设一个学生数据库存储学生信息，如果用结构体数组也可以完成该工作。但如果预先不能准确把握学生人数，也就无法确定数组大小。而且当学生留级、退学之后也不能把该元素占用的空间从数组中释放出来。

用动态存储的方法可以很好地解决这些问题。采用动态分配的办法为每一个结构记录分配内存空间。每一次分配一块空间可用来存放一个学生的数据，称之为一个节点。有多少个学生就应该申请分配多少块内存空间，也就是说要建立多少个节点。

于是，我们无须预先确定学生的准确人数，某学生退学，可删去该节点，并释放该节点占用的存储空间，从而节约存储资源。另一方面，用数组的方法必须占用一块连续的内存区域。而使用动态分配时，每个节点之间可以是不连续的（节点内是连续的）。节点之间的联系可以用指针实现。即在节点结构体中定义一个结构体指针，用来存放下一节点的首地址，我们称之为指针域。

可在第一个节点的指针域内存入第二个节点的首地址，在第二个节点的指针域内又存放第三个节点的首地址，如此串联下去直到最后一个节点。最后一个节点因无后续节点连接，其指针域可赋为 NULL。这样一种连接方式，在数据结构中称为"链表"。

只要初始化链表头指针 head，让它指向头节点 a_1，那么，通过把每次输入记录 a_i 的地址赋值给其前驱节点 a_{i-1} 所含的指针 next，就可以让 a_{i-1} 指向 a_i：

`a_{i-1}->next=a_i;`

它描述了<a_i,a_{i+1}>的逻辑关系。线性表的链式存储结构特点是用一组任意的存储单元来存储线性表的数据元素，而关系<a_i,a_{i+1}>是用节点指针域所含的后继节点地址信息来表达的。即节点分为数据域与指针域两部分，如图 7-3 所示，所有节点指针的指向形成了一条数据链。

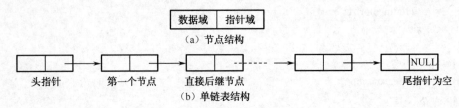

（a）节点结构

（b）单链表结构

图 7-3 线性表的链式存储结构

链表设计要注意头指针的作用，当为空表时指针亦为空。链表中的每一个节点都是同一种结构类型。例如，一个存放学生学号和成绩的节点应为以下结构：

```
struct stu {
    int num;                //学生学号
    int score;              //成绩
    struct stu *next;       //指针域
};
```

前两个成员项组成数据域，后一个成员项 next 构成指针域，它是一个指向 stu 类型结构的指针变量。

7.6　链表的设计

通过链表的使用可以让我们熟练掌握指针的应用。链表设计首先要定义节点结构，沿用前面的例子，一个具体的单链表设计是如下步骤。

1. 建立空表并定义节点结构

```
struct stu {
    int num;            //学生学号
    int score;          //成绩
    struct stu *next;   //指针域
};
```

在主程序中定义一个头部指针并完成初始化：

```
    struct stu *head=NULL;
```

链表用 malloc()函数动态申请内存分配，插入节点时，每次用 malloc()从内存申请一个节点所需的内存，即前面所说的链表的动态增长。

2. 插入节点生成链表

建立单链表后，输入新的节点可以看成是对单链表的插入运算，图 7-4 给出了插入节点的过程示意，设节点递增有序。它表明了指针的修改方法及要点。

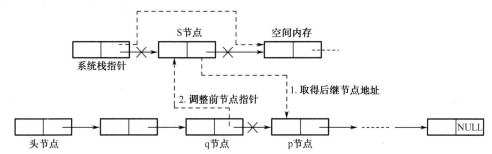

图 7-4　单链表插入：在 p 节点前插入 S

在 p 节点前插入 S 时，插入函数要区分 3 种不同的情况：

（1）表空，S 成为表头。

（2）表中无 p 节点，S 插入链尾。

（3）找到 p 节点，将 S 在其之前插入。

我们对插入时指针修改的顺序要特别注意，要在切断 q 与 p 的节点链之前，先把 S 的指针指向 p，以免丢失指针链信息，具体过程如下。

（1）修改 S 节点的指针指向 p 节点，取得后继节点指针信息。

```
S->next=p;      //定位 S
```

（2）修改 p 节点前趋 q 的指针，让其指向 S，将 S 插入到链表中：

```
q->next=S;      //修改 q 指针
```

现在，请读者参考图 7-4 分析例 7.7 中的程序，定义的节点结构是前述的 str 单链表节点。链表按关键字递增有序插入。插入之前，节点序列如下：

head-->...q, p, ...n

插入 S 之后，节点序列如下：

head-->...q, S, p, ... n

【例 7.7】 建立一个如图 7-4 所示的简单链表，它由 3 个学生数据的节点组成。输出各节点中的数据。

```cpp
#define NULL 0
#include <iostream>
struct Student
{   long num;
    float score;
    struct Student *next;
};
int main( )
{   struct Student a,b,c,*head,*p;
    a. num=31001; a.score=89.5;              //对节点 a 的 num 和 score 成员赋值
    b. num=31003; b.score=90;                //对节点 b 的 num 和 score 成员赋值
    c. num=31007; c.score=85;                //对节点 c 的 num 和 score 成员赋值
    head=&a;                                 //将节点 a 的起始地址赋给头指针 head
    a.next=&b;                               //将节点 b 的起始地址赋给 a 节点的 next 成员
    b.next=&c;                               //将节点 c 的起始地址赋给 b 节点的 next 成员
    c.next=NULL;                             //节点的 next 成员不存放其他节点地址
    p=head;                                  //使 p 指针指向 a 节点
    do
    {   cout<<p->num<<"    " <<p->score<<endl; //输出 p 指向的节点的数据
        p=p->next;                           //使 p 指向下一个节点
    } while(p!=NULL);                        //输出完 c 节点后 p 的值为 NULL
    return 0;
}
```

7.7 共用体

程序运行时，内存中的数据和程序代码工作区域是有限的，如果有需要提高内存的利用效率，有时候我们可以考虑让不同的变量分时复用同一块内存区域。例如，自动化专业 3 年级的程序设计课程是每周一的 9：50～12：15 使用 1 教 101 教室，从教师或自动化专业 3 年级学生来说，程序设计课程是有专用教室的。实际上，在其他时段 1 教 101 教室可以提供其他班级上课，或者给自动化专业 3 年级上数学或英语之用。这就是不同班级，或不同课程复用一个教室的情况，我们称之为共用体。其他教材多翻译成"联合体"，笔者认为，共用体更能描述 union 的本质。

1. 共用体说明和共用体变量定义

union 也是一种新的数据类型，它是一种特殊形式的变量。union 说明和 union 变量定义与结构十分相似，其形式为：

```
union  共用体名{
数据类型  成员名;
数据类型  成员名;
      ...
} 共用体变量名;
```

共用体表示几个变量共用一个内存位置,在不同的时间保存不同的数据类型和不同长度的变量。下面是说明一个共用体 a_bc:

```
union a_bc{
int i;
char mm;
};
```

用已说明的共用体可定义共用体变量。例如,用上面说明的共用体定义一个名为 lgc 的共用体变量,可写成:

```
union a_bc lgc;
```

在共用体变量 lgc 中,整型量 i 和字符 mm 共用同一内存位置。当说明一个共用体时,编译程序自动地产生一个变量,其长度为共用体中最大的变量长度。

共用体访问其成员的方法与结构相同。共用体变量也可以定义成数组或指针,但定义为指针时,也要用 "->" 符号,此时共用体访问成员可表示成:

```
共用体名->成员名
```

另外,共用体既可以出现在结构体内,它的成员也可以是结构体。例如:

```
union {
    int age;
    char sex;
    struct {
        int i;
        char *ch;
        }x;
    }y;
```

图 7-5 给出了它的存储结构。若要访问共用体变量 y 中结构 x 的成员 i,可以写成:

```
y.x.i;
```

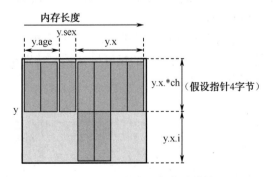

图 7-5 共用体变量的存储结构

若要访问 y 中 x 的字符指针 ch 可写成：

```
*y.x.ch;
```

【例 7.8】 共用体的定义与访问。

```cpp
#include<iostream>
using    namespace std;
int main(void)
{
    char a;
    union {
        int age;
        char sex;
        struct {
            int i;
            char *ch;
            }x;
        }y;
    y.age=10;
    y.x.i=20;              //覆盖了 y.age
    y.sex='b';             //覆盖了 y.x.i
    y.x.ch=&a;             //y.x.ch 在地址上与共用体内其他变量无关
    *(y.x.ch)='a';
    cout<<"y.x.i="<<y.x.i<<endl;
    cout<<"y.age="<<y.age<<endl;
    cout<<"y.sex="<<y.sex<<endl;
    cout<<"*(y.x.ch)="<<*(y.x.ch)<<endl;
    return (0);
}
```

运行结果：

```
y.x.i=98
y.age=98
y.sex=b
*(y.x.ch)=a
```

2. 结构和共用体的区别

结构和共用体都是由多个不同的数据类型成员组成，但在任何时刻，共用体中只存放了一个被选中的成员，而结构的所有成员都存在。

对共用体的不同成员赋值，将会对其他成员重写，原来成员的值就不存在了，而对于结构，不同成员赋值是互不影响的。因此，共用体中的指针操作需要特别小心，它很容易被误操作。

下面举一个例子来加深对共用体的理解。

【例 7.9】 共用体的应用。

```cpp
#include<iostream>
#include <iomanip>
using    namespace std;
int main(void)
```

```
{
    union{                        /*定义一个共用体*/
        int i;
        struct{                   /*在共用体中定义一个结构*/
            char first;
            char second;
            }half;
        }number;
    number.i=0x4241;              /*共用体成员赋值*/
    cout<<number.half.first<<"    "<<number.half.second<<endl;
    number.half.first='a';        /*对共用体中结构成员赋值*/
    number.half.second='b';
    cout<<hex<<number.i<<endl;
    return (0);
}
```

输出结果为：

```
A B
6261
```

从结果可以看出：当给 i 赋值后，其低 8 位也就是 first 和 second 的值；当给 first 和 second 赋字符后，这两个字符的 ASCII 码也将作为 i 的低八位和高八位。

7.8 枚举

在实际问题中，有些变量的取值被限定在一个有限的范围内。例如，一个星期内只有 7 天，一年只有 12 个月，一个班每周有 5 门课程等。如果把这些量说明为整型、字符型或其他类型显然是不妥当的。为此，C 语言提供了一种称为"枚举"的类型。在"枚举"类型的定义中列举出所有可能的取值（穷举），被说明为该"枚举"类型的变量取值不能超过定义的范围。应该说明的是，枚举类型是一种基本数据类型，而不是一种构造类型，因为它不能再分解为任何基本类型。

1. 枚举的定义

枚举类型定义的一般形式如下：

```
enum 枚举名{
    枚举值表
    };
```

在枚举值表中应罗列出所有可用值。这些值也称为枚举元素。例如：

```
enum weekday{
    sun,mou,tue,wed,thu,fri,sat
    };
```

该枚举名为 weekday，枚举值共有 7 个，即一周中的七天。凡被说明为 weekday 类型变量的取值只能是七天中的某一天。

注意： 枚举中每个成员（标识符）结束符是逗号，不是分号，最后一个成员可省略逗号。

2. 枚举变量的说明

如同结构体和联合体一样，枚举变量也可用不同的方式说明，即先定义后说明、同时定义说明或直接说明。设有变量 a、b、c 被说明为上述的 weekday，可采用下述任一种方式：

```
enum weekday{
    ......
    };
enum weekday a,b,c;
```

或者为：

```
enum weekday{
    ......
    }a,b,c;
```

3. 枚举类型变量的赋值和使用

枚举类型在使用中有以下规定。

（1）枚举值是常量，不是变量。不能在程序中用赋值语句再对它赋值。例如，对枚举 weekday 的元素再作以下赋值

```
sun=5;mon=2;sun=mon;
```

都是错误的。

（2）枚举元素本身是由系统定义了一个表示序号的数值，从 0 开始顺序定义为 $0, 1, 2, \cdots$。如在 weekday 中，sun 值为 0，mon 值为 1，$\ldots$，sat 值为 6。

【例 7.10】 枚举类型的定义与使用。

```
#include<iostream>
using   namespace std;
int main(void)
{
    enum weekday{sun,mon,tue,wed,thu,fri,sat}a,b,c;
    a=sun;
    b=mon;
    c=tue;
    cout<<a<<"   "<<b<<"   "<<c<<endl;
    return (0);
}
```

运行结果：

```
0,1,2
```

如果枚举没有初始化，即省掉 "=整型常数" 时，则从第一个标识符开始，顺次赋给标识符 0，1，2，...。但当枚举中的某个成员赋值后，其后的成员按依次加 1 的规则确定其值。例如，下列枚举说明后，x1，x2，x3，x4 的值分别为 0，1，2，3。

```
enum string{
    x1, x2, x3, x4
```

```
    }x;
```

当定义改变成：

```
enum string {
     x1, x2=0, x3=50, x4
     }x;
```

则 x1=0，x2=0，x3=50，x4=51。

【例 7.11】 给枚举类型成员赋值。

```
#include<iostream>
using    namespace std;
int main(void)
{
     enum string {
          x1,x2=0,x3=50,x4
          }x;
     cout<<x1<<","<<x2<<","<<x3<<","<<x4<<endl;
     return (0);
}
```

运行结果：

```
0,0,50,51
```

给枚举类型成员赋初值时应注意以下几点。

（1）初始化时枚举变量可以赋负数，以后的标识符仍依次加 1，如例 7.12 所示。

【例 7.12】 给枚举类型成员赋负数。

```
#include<iostream>
using    namespace std;
int main(void)
{
     enum string {
          x1=-2,x2,x3,x4
          }x;
     cout<<x1<<","<<x2<<","<<x3<<","<<x4<<endl;
     return (0);
}
```

运行结果是：

```
-2,-1,0,1
```

（2）只能把枚举值赋予枚举变量，不能把元素的数值直接赋予枚举变量。如：

```
 a=sum;b=mon;
```

是正确的。而：

```
 a=0;b=1;
```

是错误的。如一定要把数值赋予枚举变量，则必须用强制类型转换，例如：

```
a=(enum weekday)2;
```

其意义是将顺序号为 2 的枚举元素赋予枚举变量 a，相当于：

```
a=tue;
```

还应该说明的是，枚举元素不是字符常量，也不是字符串常量，使用时不要加单、双引号。

7.9　类型定义符 typedef

C 语言不仅提供了丰富的数据类型，而且还允许由用户自己定义类型说明符，也就是说，允许由用户为数据类型取"别名"。类型定义符 typedef 即可用来完成此功能。例如，有整型量 a,b，其说明如下：

```
int a,b;
```

其中，int 是整型变量的类型说明符。int 的完整写法为 integer，为了增加程序的可读性，可把整型说明符用 typedef 定义为：

```
typedef int INTEGER
```

于是，程序就可用 INTEGER 来代替 int 作整型变量的类型说明了。例如：

```
INTEGER a,b;
```

它等效于：

```
int a,b;
```

用 typedef 定义数组、指针、结构等类型将带来很大的方便，不仅使程序书写简单，而且使意义更为明确，因而增强了可读性。例如：

```
typedef char NAME[20];
```

表示 NAME 是字符数组类型，数组长度为 20。然后可用 NAME 说明变量，如：

```
NAME a1,a2,s1,s2;
```

完全等效于：

```
char a1[20],a2[20],s1[20],s2[20];
```

又如：

```
typedef struct stu{
char name[20];
int age;
char sex;
}STU;
```

定义 STU 表示 stu 的结构类型，然后可用 STU 来说明结构变量：

```
STU body1,body2;
```

typedef 定义的一般形式为：

typedef 原类型名 新类型名

其中，原类型名中含有定义部分，新类型名一般用大写表示，以便于区别。

有时也可用宏定义来代替 typedef 的功能，但是宏定义是由预处理完成的，而 typedef 则是在编译时完成的，后者更为灵活方便。

7.10 本章小结

结构体类型的数据由若干"成员"的数据组成。成员可以是基本数据类型的数据，也可为另一构造类型数据。在编程中，先声明构造体，然后再定义这种构造体的变量。

结构体变量的定义有 3 种方法：一是先声明结构体类型，再定义结构体变量；二是声明结构体类型的同时，定义结构体变量；三是直接声明结构体变量，而不指定结构体名。

对结构体变量的引用是通过对其成员的引用来实现的。符号"."是依据结构体变量名存取结构体成员的运算符。

通过指向结构体的指针访问其成员的方法有两种：一种是使用运算符"->"；另一种是使用运算符"*"。

通过指向结构体自身的指针可以建立动态链表。

把不同类型的变量存放在同一存储区域内，就要使用共用体变量。

"枚举"就是把所有可能的取值情况列出来。使用枚举变量的主要目的是提高程序的可读性。

使用类型定义的目的是简化结构体和共用体构造类型的类型说明，同时可以增强程序可读性。

习题七

一、选择题

1. 已知有如下共用体变量的定义，那么 sizeof(test)的值是_____。

```
union
{
    int   i;
    char c;
    float a;
}test;
```

A) 4   B) 5   C) 6   D) 7

2. 若有以下说明，则_____的叙述是正确的（已知 int 类型数据占 2 个字节）

```
struct    st
{
    int    a;
```

```
    int   b[2]
}a;
```

A) 结构体变量 a 与结构体成员同名，定义是非法的

B) 程序只在执行到该定义时才为结构体 st 分配内存单元

C) 程序运行时为结构体变量 a 分配 6 个存储单元

D) 类型名 struct st 可以通过 extern 关键字提前引用

3．若有以下结构体定义，则选择_____赋值是正确的

```
struct a
{
    int   x;
    int   y;
    }vs;
```

A) s.x=10;   B) s.vs.x=10;

C) struct s va ;va.x=10;   D) struct s   va={10};

4．假设学生记录可描述为：

```
struct   student
{
    int no;
    char name[20];
    char sex;
    struct {
        int year;
        int month;
        int day;
    }birth;
  }s;
```

设变量 s 中的"生日"是 1994 年 11 月 5 日，下列对"生日"的正确赋值方式是_____。

A）year=1994;month=11;day=5;

B）birth.year=1994; birth. month=11; birth. day=5;

C）s. year=1994;s month=11; s. day=5;

D）s.birth.year=1994; s.birth. month=11; s.birth. day=5;

5．已知有如下结构体定义，且有 p=&data，则对 data 中的成员 a 的正确引用是_____。

```
struct sk
{
    int a;
    float b;
}data,*p;
```

A）(*p).data   B）(*p).a   C）p->data.a   D）p.data.a

6．下面语句中引用形式非法的是_____。

```
struct   student
{
```

```
    int num;
    int age;
}stu[3]={{1001,20},{1002,19},{1003,21}};
struct student *p=stu;
```

A）(p++)->num   B）p++   C）(*p).num;   D）p=&stu.age

二、填空题

已知有如下定义，则表达式 ++p->x 的值为＿＿①＿＿，表达式(++p)->x 的值为＿＿②＿＿。

```
struct
{
    int x;
    int y;
} s[2]={{1,2},{3,4}},*p=s;
```

三、阅读程序题，选择程序的运行结果。

1．程序如下：

```
#include "stdio.h"
struct   s
{
    int x;
    int y;
}cnum[2]={1,3,2,7};
int main(void)
{
        printf("%d\n", cnum[0].y*cnum[1].x);
        return 0;
}
```

A）0   B）1   C）3   D）6

2．运行下列程序后，全局变量 t.x 和 t.s 的值为＿＿＿＿＿＿。

```
#include "stdio.h"
struct tree
{
    int x;
    char s[20];
} t;
void   Func(struct tree t)
{
    t.x=10;
    strcpy(t.s,"computer");
}
int main(void)
{
    t.x=1;
    strcpy(t.s,"Microcomputer");
    Func(t);
    printf("%d,%s",t.x,t.s);
```

```
        return 0;
}
```

A）10,computer

B）1,Microcomputer

C）1,computer

D）10,Microcomputer

三、下列对结构体类型的声明是否正确？如不正确，写出正确的方法。

```
struct   STUDENT
{
      char name[10];
      int age;
}
STUDENT student;
student->age=20;
union val
{
      char   w;
      float   x;
      int m;
}v={1,2}
```

第8章

文件的输入和输出

8.1 文件的概念

所谓"文件"是指一组相关数据的有序集合。这个数据集有一个名称，叫做文件名。实际上在前面的各章中我们已经多次使用了文件，例如源程序文件、目标文件、可执行文件、库文件（头文件）等。

文件通常是驻留在外部介质（如磁盘等）上的，在使用时才调入内存中来。从不同的角度可对文件进行不同的分类。从用户的角度看，文件可分为普通文件和设备文件两种。

普通文件是指驻留在磁盘或其他外部介质上的一个有序数据集，可以是源文件、目标文件、可执行程序；也可以是一组待输入处理的原始数据，或者是一组输出的结果。可以将源文件、目标文件、可执行程序称作程序文件，将输入输出数据称作数据文件。

设备文件是指与主机相连的各种外部设备，如显示器、打印机、键盘等。在操作系统中，把外部设备也看作是一个文件来进行管理，把它们的输入、输出等同于对磁盘文件的读和写，如图 8-1 所示。

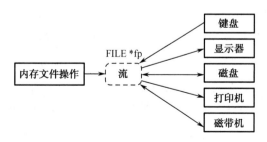

图 8-1　文件与流

通常把显示器定义为标准输出文件，一般情况下在屏幕上显示有关信息就是文件流将内存文件向标准输出文件输出。如前面经常使用的 printf 和 putchar 函数就是这类输出。

键盘通常被指定为标准的输入文件，从键盘上输入就意味着从标准输入文件上输入数据。scanf 和 getchar 函数就属于这类输入。

从文件编码的方式来看，文件可分为 ASCII 码文件和二进制码文件两种。我们在第 3 章介绍过流的概念。C 语言中有以下两种类型的流。

（1）文本流（text stream）。一个文本流由一行行字符组成，换行符表示一行结束。

（2）二进制流（binary stream）。一个二进制流对应写入到文件的内容，由字节序列组成，没有字符翻译。

ASCII 文件也称为文本文件，这种文件在磁盘中存放时每个字符对应一个字节，用于存放对应的 ASCII 码。例如，数 5678 的存储形式为：

ASCII 码：00110101　00110110　00110111　00111000

十进制码：　　5　　　　　6　　　　　7　　　　　8

共占用 4 个字节。ASCII 码文件可在屏幕上按字符显示。源程序文件就是 ASCII 文件，用 DOS 命令 TYPE 可显示文件的内容。由于是按字符显示，因此能读懂文件内容。

二进制文件是按二进制的编码方式来存放文件的。例如，数 5678 的存储形式为：

00010110　00101110

只占 2 个字节。二进制文件虽然也可在屏幕上显示，但其内容无法读懂。C 系统在处理这些文件时，并不区分类型，都看成是字符流，按字节进行处理。

输入输出字符流的开始和结束只由程序控制，不受物理符号（如回车符）的控制。因此也把这种文件称作"流式文件"。图 8-2 所示是文件操作步骤。

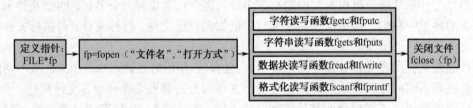

图 8-2　文件操作

8.2　文件指针

在 C 语言中用一个指针变量指向一个文件，这个指针称为文件指针。通过文件指针就可对它所指的文件进行各种操作。定义说明文件指针的一般形式为：

FILE *指针变量标识符；

其中 FILE 应为大写，它实际上是由系统定义的一个结构，该结构中含有文件名、文件状态和文件当前位置等信息。在编写源程序时不必关心 FILE 结构的细节。例如：

FILE *fp；

表示 fp 是指向 FILE 结构的指针变量，通过 fp 即可找到存放某个文件信息的结构变量，然后按结构变量提供的信息找到该文件，实施对文件的操作。习惯上也笼统地把 fp 称为指向一个文件的指针。

8.3 文件的打开与关闭

文件在进行读写操作之前要先打开，使用完毕要关闭。所谓打开文件，实际上是建立文件的各种有关信息，并使文件指针指向该文件，以便进行其他操作。关闭文件则断开指针与文件之间的联系，也就禁止再对该文件进行操作。

在 C 语言中，文件操作都是由库函数来完成的。本章将介绍主要的文件操作函数。

8.3.1 文件打开函数 fopen

fopen 函数用来打开一个文件，其调用的一般形式为：

文件指针名=fopen("文件名.扩展名","打开文件方式");

其中：

● 文件指针名必须是被说明为 FILE 类型的指针变量。

● 文件名是被打开文件的文件名，扩展名是文件类型说明，可以省略。

● 打开文件方式是指文件流的类型和操作要求，以及新建还是追加在文件尾部要求。

例如：

FILE *fp;
fp=("filea","r");

其意义是在当前目录下打开文件 filea，只允许进行"读"操作，并使 fp 指向该文件。又如：

FILE *fphzk
fphzk=("c:\\hzk16","rb")

其意义是打开 C 驱动器磁盘的根目录下的文件 hzk16，这是一个二进制文件，只允许按二进制方式进行读操作。两个反斜线"\\"中的第一个表示转义字符，第二个表示根目录。使用文件的方式共有 12 种，表 8-1 给出了它们的符号和意义。

表 8-1　文件打开方式及其意义

文件打开方式	意　义
"rt"	只读打开一个文本文件，只允许读数据
"wt"	只写打开或建立一个文本文件，只允许写数据
"at"	追加打开一个文本文件，并在文件末尾写数据
"rb"	只读打开一个二进制文件，只允许读数据
"wb"	只写打开或建立一个二进制文件，只允许写数据
"ab"	追加打开一个二进制文件，并在文件末尾写数据
"rt+"	读写打开一个文本文件，允许读和写
"wt+"	读写打开或建立一个文本文件，允许读写
"at+"	读写打开一个文本文件，允许读或在文件末追加数据
"rb+"	读写打开一个二进制文件，允许读和写

文件打开方式	意　　义
"wb+"	读写打开或建立一个二进制文件，允许读和写
"ab+"	读写打开一个二进制文件，允许读或在文件末追加数据

对文件打开方式有以下几点说明。

（1）文件使用方式由 r、w、a、t、b、+六个字符拼成，各字符的含义如下。

● r(read)：读。

● w(write)：写。

● a(append)：追加。

● t(text)：文本文件，可省略不写。

● b(banary)：二进制文件。

● +：读和写。

（2）凡用"r"打开一个文件时，该文件必须已经存在，且只能从该文件读出。

（3）用"w"打开的文件只能向该文件写入。若打开的文件不存在，则以指定的文件名建立新文件，若打开的文件已经存在，则将该文件删去，重建一个新文件。

（4）若要向一个已存在的文件追加新的信息，只能用"a"方式打开文件。但此时该文件必须是存在的，否则将会出错。

（5）在打开一个文件时，如果出错，fopen 将返回一个空指针值 NULL。在程序中可以用这一信息来判别是否完成打开文件的工作，并作相应的处理。因此常用以下程序段打开文件：

```
if((fp=fopen("c:\\hzk16","rb")==NULL){
    printf("\nerror on open c:\\hzk16 file!");
    getch();
    exit(-1);
    }
```

这段程序的意义是，如果返回的指针为空，表示不能打开 C 盘根目录下的 hzk16 文件，则给出提示信息"error on open c:\ hzk16 file!"，下一行 getch()的功能是从键盘输入一个字符，但不在屏幕上显示。在这里，该行的作用是等待，只有当用户从键盘敲击任一键时，程序才继续执行，因此用户可利用这个等待时间阅读出错提示。敲键后执行 exit(-1)退出程序。

（6）把一个文本文件读入内存时，要将 ASCII 码转换成二进制码，而把文件以文本方式写入磁盘时，也要把二进制码转换成 ASCII 码，因此文本文件的读写要花费较多的转换时间。对二进制文件的读写不存在这种转换。

（7）标准输入文件（键盘）、标准输出文件（显示器）、标准出错输出（出错信息）是由系统打开的，可直接使用。

8.3.2　文件关闭函数 fclose

文件一旦使用完毕，要使用关闭文件函数把文件关闭，以避免文件的数据丢失等错误。fclose 函数调用的一般形式如下：

```
fclose(文件指针);
```

例如：

```
                    fclose(fp);
```

正常完成关闭文件操作时，fclose 函数返回值为 0。如返回非零值则表示有错误发生。例 8.1 中的程序给出了一个文件写入的例子。

【例 8.1】　从键盘上输入一个字符串，存储到一个磁盘文件 lwz.dat 中。

```
#include <iostream>
#include <stdlib.h>
#include <conio.h>
using    namespace std;
int main(void)
{
    FILE *fp;
    char ch;
    if ((fp=fopen("lwz.dat","w"))==NULL){        //打开文件失败
        printf("can not open this file\n");
        getch();
        exit(-1);
    }
//以下程序是输入字符，并存储到指定文件中，以输入符号"@"作为文件结束
    cout<<"输入字符"<<endl;
    for( ; (ch=getchar()) != '@' ; )    fputc(ch,fp);    //输入字符并存储到文件中
    fclose(fp);             //关闭文件
    return(0);
}
```

该程序在当前目录下建立一个文件名为 lwz.dat 的文件，并向文件写入键盘输入的字符，直到输入为"@"为止。注意，使用文本文件向计算机系统输入数据时，系统自动将回车换行符转换成一个换行符。在输出时，将换行符转换成回车和换行两个字符。因此，输入换行（Enter 键）后，程序会把换行符写入到文件中，而不是结束字符串的输入过程，程序仅在输入字符"@"的时候结束字符串输入。

8.4　文件的读写

对文件的读和写是最常用的文件操作。在 C 语言中提供了多种文件读写的函数，使用这些库函数都要包含头文件 stdio.h。

文件读写主要使用以下几个函数。

● 字符读写函数：fgetc 和 fputc。

● 字符串读写函数：fgets 和 fputs。

● 数据块读写函数：freed 和 fwrite。

● 格式化读写函数：fscanf 和 fprinf。

8.4.1　字符读写函数 fgetc 和 fputc

字符读写函数是以字符（字节）为单位的读写函数。每次可从文件读出或向文件写入一个字符。

1．读字符函数 fgetc

fgetc 函数的功能是从指定的文件中读一个字符，函数调用的形式为：

字符变量=fgetc(文件指针);

例如：

ch=fgetc(fp);

其意义是从打开的文件 fp 中读取一个字符并送入 ch 中。对于 fgetc 函数的使用要注意以下几点：

● 在 fgetc 函数调用中，读取的文件必须是以读或读写方式打开的。
● 读取字符的结果也可以不向字符变量赋值，但是读出的字符不能保存。例如：

fgetc(fp);

在文件内部有一个位置指针，用来指向文件的当前读写字节。在文件打开时，该指针总是指向文件的第一个字节。使用 fgetc 函数后，该位置指针将向后移动一个字节。 因此可连续多次使用 fgetc 函数，读取多个字符。注意，文件指针和文件内部的位置指针不是一回事。文件指针是指向整个文件的，须在程序中定义说明，只要不重新赋值，文件指针的值是不变的。文件内部的位置指针可以理解为一个偏移量，用以指示文件内部的当前读写位置，每读写一次，该指针均向后移动，如图 8-3 所示。它不需在程序中定义说明，而是由系统自动设置的。

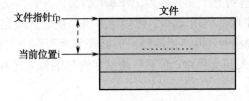

图 8-3　文件指针

【例 8.2】　读入文件 lwz.dat，并在屏幕上输出其中的内容。

```
#include <stdlib.h>
#include <conio.h>
#include<iostream>
using    namespace std;
int read(void);
int write(void);
int main(void)
{
    write();
    read();
    return(0);
```

```
}
int write(void)
{
    FILE *fp;
    char ch;
    if ((fp=fopen("lwz.dat","w"))==NULL){
        printf("can not open this file\n");
        getch();
        exit(-1);
    }
    cout<<"输入字符"<<endl;
    for( ; (ch=getchar()) != '@' ; )    fputc(ch,fp);
    fclose(fp);
    return(0);
}
int read(void)
{
    FILE *fp;
    char ch;
    if((fp=fopen("lwz.dat","rt"))==NULL){          //打开当前目录下的文件
    cout<<"\nCannot open file strike any key exit!";
        getch();
        exit(-1);
    }
    cout<<"\nopen file:\n";
    ch=fgetc(fp);
    while(ch!=EOF){
        putchar(ch);                               //显示读出的字符
        ch=fgetc(fp);                              //继续读出
    }
    fclose(fp);
    cout<<"\nfile end\n";
    return(0);
}
```

例 8.2 程序的功能是写入一个文件到当前目录，然后再打开。其中，文件写入函数 write()
就是例 8.1 中的程序。函数 read()定义了文件指针 fp，以读文本文件方式打开当前目录下的文
件"lwz.dat"，并使 fp 指向该文件，从文件中逐个读取字符，并在屏幕上显示。如打开文件出
错，给出提示并退出程序。

函数先读出一个字符，然后进入循环，只要读出的字符不是文件结束标志（每个文件末有
一结束标志 EOF），就把该字符显示在屏幕上，再读入下一字符。每读一次，文件内部的位置
指针向后移动一个字符，文件结束时，该指针指向 EOF。执行本程序将显示整个文件。

2. 写字符函数 fputc

fputc 函数的功能是把一个字符写入指定的文件中，函数调用的形式为：

```
fputc(字符量，文件指针);
```

其中，待写入的字符量可以是字符常量或变量，例如：

```
fputc('a',fp);
```

其意义是把字符 a 写入 fp 所指向的文件中。对于 fputc 函数的使用也要说明几点。

- 被写入的文件可以用写、读写、追加方式打开，用写或读写方式打开一个已存在的文件时将清除原有的文件内容，写入字符从文件首开始。如需保留原有文件内容，希望写入的字符从文件末尾开始存放，必须以追加方式打开文件。被写入的文件若不存在，则创建该文件。
- 每写入一个字符，文件内部位置指针向后移动一个字节。
- fputc 函数有一个返回值，如写入成功则返回写入的字符，否则返回 EOF。可用此来判断写入是否成功。

【例 8.3】 从键盘输入一行字符，写入一个文件，再把该文件内容读出显示在屏幕上。

```cpp
#include <stdlib.h>
#include <conio.h>
#include<iostream>
using   namespace std;
int main(void)
{
    FILE *fp;
    char ch;
    if((fp=fopen("lwz.dat","wt+"))==NULL){
        cout<<"Cannot open file strike any key exit!";
        getch();
        exit(-1);
        }
    cout<<"input a string:\n";
    ch=getchar();
    while (ch!='\n'){
        fputc(ch,fp);
        ch=getchar();
        }
    rewind(fp);              //复位位置偏移量到初始状态
    ch=fgetc(fp);
    while(ch!=EOF){
        putchar(ch);
        ch=fgetc(fp);
        }
    cout<<"\n";
    fclose(fp);
    return(0);
}
```

程序中以读写文本文件方式打开文件。从键盘读入一个字符后进入循环，当读入字符不为回车符时，则把该字符写入文件之中，然后继续从键盘读入下一字符。每输入一个字符，文件内部位置指针向后移动一个字节。写入完毕，该指针已指向文件末。如要把文件从头读出，须把指针移向文件头，程序用 rewind 函数用于把 fp 所指文件的内部位置指针移到文件头。最后读出文件中的一行内容。

8.4.2　字符串读写函数 fgets 和 fputs

1. 读字符串函数 fgets

函数的功能是从指定的文件中读一个字符串到字符数组中，函数调用的形式为：

```
fgets(字符数组名,n,文件指针);
```

其中，n 是一个正整数。表示从文件中读出的字符串不超过 n-1 个字符。在读入的最后一个字符后加上串结束标志'\0'。例如：

```
fgets(str,n,fp);
```

的意义是从 fp 所指的文件中读出 n-1 个字符送入字符数组 str 中。

【例 8.4】　从 lwz.dat 文件中读入一个含 10 个字符的字符串。

```
#include <stdlib.h>
#include <conio.h>
#include<iostream>
using   namespace std;
int main(void)
{
FILE *fp;
char str[40];
if((fp=fopen("lwz.dat","rt"))==NULL){
cout<<"\nCannot open file strike any key exit!";
getch();
exit(-1);
}
fgets(str,11,fp);
cout<<"\n"<<str<<"\n";
fclose(fp);
return(0);
}
```

例 8.4 定义了一个字符数组 str，以读文本文件方式打开文件 lwz.dat 后，从中读出 10 个字符送入 str 数组，在数组最后一个单元内将加上'\0'，然后在屏幕上显示输出 str 数组。对 fgets 函数有两点说明。

● 在读出 n-1 个字符之前，如遇到了换行符或 EOF，则读出结束。
● 　fgets 函数也有返回值，其返回值是字符数组的首地址。

2. 写字符串函数 fputs

fputs 函数的功能是向指定的文件写入一个字符串，其调用形式为：

```
fputs(字符串,文件指针);
```

其中字符串可以是字符串常量，也可以是字符数组名或指针变量，例如：

```
fputs("abcd",fp);
```

其意义是把字符串"abcd"写入 fp 所指的文件中。

【例8.5】 以字符串格式读写 lwz.dat 文件。

```cpp
#include <stdlib.h>
#include <conio.h>
#include<iostream>
using   namespace std;

int wr_string(char *,FILE *);
int rd_string(char *,FILE *);
int main(void)
{
    char str[40];
    FILE *fp;
    if((fp=fopen("lwz.dat","wt+"))==NULL){
        cout<<"Cannot open file strike any key exit!";
        getch();
        exit(-1);
    }
    wr_string(str,fp);
    rewind(fp);               //复位位置偏移量到初始状态
    rd_string(str,fp);
    fclose(fp);
    return(0);
}
int rd_string(char *str,FILE *fp)
{
    fgets(str,11,fp);
    cout<<"\n"<<str<<"\n";
    return(0);
}
int wr_string(char *str,FILE *fp)
{
    cout<<"input a string:\n";
    cin>>str;
    fputs(str,fp);
    return(0);
}
```

例8.5 打开一个 lwz.dat 文件，输入一个字符串，并用 fputs 函数把该串写入文件 lwz.dat。程序最后调用函数 rd_string()读出文件，显示在屏幕上。这里，定义了一个打开的文件指针 fp，并将它作为实参传递。

8.4.3 数据块读写函数 fread 和 fwrite

C 语言还提供了用于整块数据的读写函数。可用来读写一组数据，如一个数组元素，一个结构变量的值等。读数据块函数调用的一般形式为：

```
fread(buffer,size,count,fp);
```

写数据块函数调用的一般形式为：

```
fwrite(buffer,size,count,fp);
```

其中各参数含义如下。

buffer：一个指针。在 fread 函数中，它表示存放输入数据的首地址。在 fwrite 函数中，它表示存放输出数据的首地址。

size：表示数据块的字节数。

count：表示要读写的数据块块数。

fp：表示文件指针。

例如：

```
fread(fa,4,5,fp);
```

其意义是从 fp 所指的文件中，每次读 4 个字节（一个实数）送入实数组 fa 中，连续读 5 次，即读 5 个实数到 fa 中。

【例 8.6】　从键盘输入两个学生数据，写入一个文件中，再读出文件内容，显示在屏幕上。

```
#include <stdlib.h>
#include <conio.h>
#include<iostream>
using   namespace std;
struct stu{
    char name[10];
    int num;
    int age;
char addr[15];
}boya[2],boyb[2],*p,*q;
int main(void)
{
    FILE *fp;
    char ch;
    int i;
    p=boya;
    q=boyb;
    if((fp=fopen("stu_list","wb+"))==NULL){        // 读写打开或建立一个二进制文件
        cout<<"Cannot open file strike any key exit!";
        getch();
        exit(-1);
    }
    for(i=0;i<2;i++,p++){
        cout<<"\ninput data"<<i+1<<"\n";
        cin>>p->name;
        cin>>p->num;
        cin>>p->age;
        cin>>p->addr;
    }
```

```
        p=boya;
        fwrite(p,sizeof(struct stu),2,fp);//写入 2 次，每次长度是 stu 字节数
        rewind(fp);
        fread(q,sizeof(struct stu),2,fp);
        cout<<"\n\nname\tnumber\tage\taddr\n";
        for(i=0;i<2;i++,q++)
        cout<<"    "<<q->name<<"    "<<q->num<<"    "<<q->age<<"    "<<q->addr<<endl;
        fclose(fp);
        return(0);
}
```

例 8.6 的程序定义了一个结构体 stu，说明了两个结构体数组 boya 和 boyb，以及两个结构指针变量 p 和 q。让 p 指向 boya，q 指向 boyb。程序以读写方式打开二进制文件 stu_list，输入两个学生数据之后，写入该文件中，然后把文件内部位置指针移到文件首，读出两块学生数据后，在屏幕上显示。

8.4.4　格式化读写函数 fscanf 和 fprintf

fscanf 函数和 fprintf 函数与前面使用的 scanf 和 printf 函数的功能相似，都是格式化读写函数。两者的区别在于 fscanf 函数和 fprintf 函数的读写对象不是键盘和显示器，而是磁盘文件。这两个函数的调用格式如下：

```
fscanf(文件指针,格式字符串,输入表列);
fprintf(文件指针,格式字符串,输出表列);
```

例如：

```
fscanf(fp,"%d%s",&i,s);
fprintf(fp,"%d%c",j,ch);
```

用 fscanf 和 fprintf 函数也可以完成程序 8.6 功能。修改后的程序如例 8.7 所示。

【例 8.7】　从键盘输入两个学生数据，写入一个文件中，再读出文件内容，显示在屏幕上。

```
#include <stdlib.h>
#include <conio.h>
#include<iostream>
using    namespace std;

struct stu{
        char name[10];
        int num;
        }boya[2],boyb[2],*p,*q;
int main(void)
{
        FILE *fp;
        char ch;
        int i;
        p=boya;
        q=boyb;
```

```
    if((fp=fopen("stu_list.dat","wb+"))==NULL){
        cout<<"Cannot open file strike any key exit!";
        getch();
        exit(-1);
        }
    for(i=0;i<2;i++,p++){
        cout<<"\ninput data\n";
        cin>>p->name;
        cin>>p->num;
        }
    p=boya;
    for(i=0;i<2;i++,p++)fprintf(fp,"%s %d\n",p->name,p->num);
    rewind(fp);
    for(i=0;i<2;i++,q++)fscanf(fp,"%s %d\n",q->name,&q->num);
    printf("\n\nname\tnumber\n");
    q=boyb;
    for(i=0;i<2;i++,q++)printf("%s\t%d\t\n",q->name,q->num);
    fclose(fp);
    return(0);
}
```

与例 8.6 程序相比,本程序中 fscanf 和 fprintf 函数每次只能读写一个结构数组元素,因此采用循环语句来读写全部数组元素。还要注意指针变量 p 和 q,由于循环改变了它们的值,因此程序在循环后分别对它们重新赋予了数组的首地址。

8.5 文件的随机读写

前面介绍的对文件的读写方式都是顺序读写,即读写文件只能从头开始,顺序读写各个数据。 但在实际问题中常要求只读写文件中某一指定的部分。为了解决这个问题可移动文件内部的位置指针到需要读写的位置,再进行读写,这种读写称为随机读写。实现随机读写的关键是按要求移动位置指针,这个过程称为文件的定位。

8.5.1 文件定位

移动文件内部位置指针的函数主要有两个,即 rewind 函数和 fseek 函数。rewind 函数前面已多次使用过,其调用形式为:

rewind(文件指针);

它的功能是把文件内部的位置指针移到文件首部。下面主要介绍 fseek 函数。fseek 函数用来移动文件内部位置指针,其调用形式为:

fseek(文件指针,位移量,起始点);

其中各参数含义如下。
文件指针:指向被移动的文件。

位移量：表示移动的字节数，要求位移量是 long 型数据，以便在文件长度大于 64KB 时不会出错。当用常量表示位移量时，要求加后缀 "L"。

起始点：表示从何处开始计算位移量，规定的起始点有 3 种，即文件首、当前位置和文件尾。其表示方法如表 8-2 所示。

表 8-2   文件定位

起始点	表示符号	数字表示
文件首	SEEK_SET	0
当前位置	SEEK_CUR	1
文件末尾	SEEK_END	2

例如：

```
fseek(fp,100L,0);
```

其意义是把位置指针移到离文件首 100 个字节处。还要说明的是，fseek 函数一般用于二进制文件。在文本文件中由于要进行转换，故计算的位置往往会出现错误。

8.5.2   文件的随机读写

在移动位置指针之后，即可用前面介绍的任一种读写函数进行读写。由于一般是读写一个数据块，因此常用 fread 和 fwrite 函数。下面举例说明文件的随机读写。

【例 8.8】   在学生文件 stu_list 中读出第 2 个学生的数据。

```
#include <stdlib.h>
#include <conio.h>
#include<iostream>
using    namespace std;
struct stu{
        char name[10];
        int num;
        int age;
        char addr[15];
        }boy,*q;
int main(void)
{
        FILE *fp;
        char ch;
        int i=1;
        q=&boy;
        if((fp=fopen("stu_list","rb"))==NULL){
                cout<<"Cannot open file strike any key exit!";
                getch();
                exit(-1);
                }
        fseek(fp,i*sizeof(struct stu),0);
        fread(q,sizeof(struct stu),1,fp);
```

```
        cout<<"\n\nname\tnumber\tage\taddr\n";
        cout<<q->name<<"    "<<q->num<<"    "<<q->age<<"    "<<q->addr;
        fclose(fp);
        return(0);
}
```

文件 stu_list 已由例 8.6 的程序建立，本程序用随机读出的方法读出第二个学生的数据。程序中将 boy 定义为 stu 类型的变量，将 q 定义为指向 boy 的指针。以读二进制文件方式打开文件，程序用 fseek()函数移动文件位置指针。其中 i 的值为 1，表示从文件头开始，移动一个 stu 类型的长度，然后再读出的数据即为第二个学生的数据。

8.6 文件检测函数

C 语言中常用的文件检测函数有以下几个。
（1）文件结束检测函数 feof
调用格式：

```
feof(文件指针);
```

功能：判断文件是否处于文件结束位置，如文件结束，则返回值为 1，否则为 0。注意，当返回值为 1 的时候，最近一次读取文件操作已经达到了尾部，如果使用 while(feof(fp))语句判别，比如：

```
while(feof(fp)){
        p=(struct stu *)malloc(sizeof(stu));
        if(!p)exit(-1);
        fread(p,sizeof(struct stu),1,fp);      //当前操作可能让 feof(fp)为 1，即达到结尾
        head=dls_store(p,head);                //可能产生文件结尾时仍然在当作正常记录处理情形
        }
```

实际上，最近一次文件读操作已经达到尾部（在尾部的时候没有正常读出记录数据），而程序仍有可能将尾部错误的数据当作正常记录处理，改进的方法如下。

```
p=(struct stu *)malloc(sizeof(stu));
if(!p)exit(-1);
fread(p,sizeof(struct stu),1,fp);          //先做一次读出文件操作
while(!feof(fp)){
        head=dls_store(p,head);            //不是文件结尾就正常插入节点
        p=(struct stu *)malloc(sizeof(stu));   //准备下一次插入节点空间
        if(!p)exit(-1);
        fread(p,sizeof(struct stu),1,fp);  //继续读出操作
        }
```

（2）读写文件出错检测函数 ferror
ferror 函数调用格式：

```
ferror(文件指针);
```

功能：检查文件在用各种输入输出函数进行读写时是否出错。如果 ferror 返回值为 0，则表示未出错，否则表示有错。

（3）文件出错标志和文件结束标志置 0 函数 clearerr

clearerr 函数调用格式：

clearerr(文件指针);

功能：本函数用于清除出错标志和文件结束标志，即使它们的值为 0。

8.7 本章小结

系统把文件当做一个"流"，按字节进行处理。

C 文件按编码方式分为二进制文件和 ASCII 文件。

C 语言中，用文件指针标识文件，当一个文件被打开时，可取得该文件指针。

文件在读写之前必须打开，读写结束必须关闭。

文件可按只读、只写、读写、追加 4 种操作方式打开，同时还必须指定文件的类型是二进制文件还是文本文件。

文件可按字节、字符串、数据块为单位读写，文件也可按指定的格式进行读写。

文件内部的位置指针可指示当前的读写位置，移动该指针可以对文件实现随机读写。

习题八

一、选择题

1. 下列说法中正确的是_____。

A）函数 fprintf()只能向磁盘输出数据，不能向显示器屏幕输出数据

B）以文本方式打开一个文件输出时，将换行符转换为回车换行两个字符

C）以文本方式打开一个文件输入时，将换行符转换为回车换行两个字符

D）C 语言中，对文件的读写是以字为单位的

2. 使用 fopen()以文本方式打开或建立可读可写文件，如果指定的文件不存在，则新建一个，并使文件指针指向其开头，若指定的文件存在，打开它，将文件指针指向其结尾。正确的"文件使用方式"描述是_____。

A）"r+"   B）"w+"   C）"a+"   D）"a"

3. 若定义 int a[5];，fp 是指向某一已经正确打开了的文件的指针，下面的函数调用形式中不正确的是_____。

A）fread(a[0],sizeof(int),5,fp);

B）fread(&a[0],5*sizeof(int),1,fp);

C）fread(a,sizeof(int),5,fp);

D）fread(a,5*sizeof(int),1,fp);

4. 有函数调用 fopen("file",1);则 1 表示_____。

A）打开的文件只读   B）打开的文件只能写

C）打开的文件可读可写   D）以上的说法都不正确

5. fseek(fp,-10L,1)中的 fp 和 1 分别为_____。

A）文件指针和文件的开头   B）文件指针和文件的当前位置

C）文件号和文件的当前位置   D）文件号和文件的开头

6. 下面对 read()函数的调用形式中正确的是_____。

A）read(文件指针,缓冲区首地址,读入的字节数);

B）read(缓冲区首地址,读入的变量数,文件号);

C）read(缓冲区首地址,读入的变量数,文件指针);

D）read(文件号,缓冲区首地址,读入的字节数);

7. 有如下程序段：

```
static int a[4]={1,10,100,1000},b[4];
int k;
FILE  *  fp;
if((fp=fopen("file1","w+"))==NULL)
return(0);
fwrite(a,sizeof(int),4,fp);
rewind(fp);
fread(b,sizeof(int),4,fp);
for(k=0;k<4;k++)
printf("%d ",b[k]);
fclose(fp);
```

若文件 file1 原本不存在，则下面的说法中正确的是_____。

A）输出结果为 1 10 100 1000

B）仅语句 fwrite()不能正确执行

C）仅语句 fread()不能正确执行

D）语句 fwrite()和 fread()均不能正确执行，应将 fopen 中的"w+"改为"wb+"

8. 有如下程序段：

```
int a1=1,b1=2,a2,b2;
float x1=1.234,x2;
FILE * fp;
if((fp=fopen("file1","wb+"))==NULL)
     return(0);
fprintf(fp,"%d,%d,%.2f",a1,b1,x1);
rewind(fp);
fscanf(fp,"%d,%d,%f",&a2,&b2,&x2);
printf("%d,%d,%.2f",a2,b2,x2);
fclose(fp);
```

若文件 file1 原本并不存在，则下面说法中正确的是_____。

A）输出结果为 1,2,1.23

B）仅 fprintf()语句不能正确执行

C）仅 fscanf()语句不能正确执行

D）fprintf()语句和 fscanf()语句都不能正确执行，应该改为 fopen()语句中的"wb+"

二、程序填空题

1. 下面程序将使用 fgetc()函数实现 fgets()的功能，执行成功时返回缓冲区的首地址，否则返回 NULL。

```
char * myfgets(char str[],int n, FILE *fp)
{
int k;
char c;
for(k=0;k< ① ;k++)
    if( ② &&(c=fgetc(fp))!= ③ &&c!='\r')
    {
    if( ④ ==0)
        str[k]=c;
    else ⑤ ;
    }
    else break;
str[k]= ⑥ ;
return(str);
}
```

2. 下面的程序打开两个已经存在的文件 file1 和 file2，并将 file2 中的内容写到 file1 中内容的后面。

```
#include "stdio.h"
main(){
    FILE * fp1,* fp2;
    if((fp1=fopen("file1"," ① "))== ② )
    {
        printf("error1\n");
        return(0);
    }
    if((fp2=fopen("file2"," ③ "))== ④ )
    {
        printf("error2\n");
        return(0);
    }
while(!feof( ⑤ ))          //从 file2 中逐字符读出数据接在 file1 的后面
 ⑥ ( ⑦ (fp2),fp1);
fclose(fp1);
fclose(fp2);
return(1);
}
```

3. 将 3 个职工的数据（编号，姓名，年龄）从键盘输入，存放到一个新建的二进制文件中去。（注：文件名为 employee，存放于 C：盘上。）

```
#include "stdio.h"
main()
{
```

```
        FILE * fp;
        struct    employee
        {
            long    code;
            char name[20];
            int age;
        }em;
        int k;
        if((fp=fopen("c:\\employee","_①_"))==NULL)
        {
            printf("error\n");
            return(0);
        }
        for(k=0;k<3;k++)
        {
            scanf("%ld%s%d",&em.code,em.name,&em.age);
            fwrite(_②_,sizeof(struct    employee),_③_,_④_);
        }
        _⑤_;
        return(1);
    }
```

附录 A

常用字符的 ASCII 码对照表

ASCII（American Standard Code for Information Interchange，美国信息交换标准代码）是由 ANSI（American National Standards Institute，美国国家标准协会）制定的。ASCII 码为计算机提供了一种存储数据和与其他计算机及程序交换数据的方式，它有 7 位码和 8 位码两种形式。7 位码是标准形式，包含了 0～127 共 128 个数字所代表的字符。这 128 个字符又分为 ASCII 非打印控制字符和 ASCII 打印字符，其中数字 0～31 分配给了控制字符，用于控制打印机等一些外围设备。例如，ASCII 值 12 代表换页，此命令指示打印机跳到下一页的开头。数字 32～126 分配给了能在键盘上找到的可打印字符，数字 127 代表 DELETE 命令。8 位码是扩展 ASCII 码，用 128～255 之间的数字代表另一组 128 个字符。本附录给出的是标准形式，如下表所示。

标准 ASCII 码表

ASCII	字符	ASCII	字符	ASCII	字符	ASCII	字符
0	NUL（空字符）	32	空格	64	@	96	`
1	SOH（标题开始）	33	!	65	A	97	a
2	STX（正文开始）	34	"	66	B	98	b
3	ETX（正文结束）	35	#	67	C	99	c
4	EOT（传输结束）	36	$	68	D	100	d
5	ENQ（查询）	37	%	69	E	101	e
6	ACK（确认）	38	&	70	F	102	f
7	BEL（响铃）	39	'	71	G	103	g
8	BS（退格）	40	(	72	H	104	h
9	HT（水平制表符）	41	)	73	I	105	i
10	LF（换行）	42	*	74	J	106	j
11	VT（垂直制表符）	43	+	75	K	107	k
12	FF（换页）	44	,	76	L	108	l

ASCII	字符	ASCII	字符	ASCII	字符	ASCII	字符
13	CR（回车）	45	-	77	M	109	m
14	SO（不用换挡）	46	.	78	N	110	n
15	SI（启用换挡）	47	/	79	O	111	o
16	DLE（数据链路转义）	48	0	80	P	112	p
17	DC1（设备控制1）	49	1	81	Q	113	q
18	DC2（设备控制2）	50	2	82	R	114	r
19	DC3（设备控制3）	51	3	83	S	115	s
20	DC4（设备控制4）	52	4	84	T	116	t
21	NAK（否定确认）	53	5	85	U	117	u
22	SYN（同步空闲）	54	6	86	V	118	v
23	ETB（传输块结束）	55	7	87	W	119	w
24	CAN（取消）	56	8	88	X	120	x
25	EM（媒介结束）	57	9	89	Y	121	y
26	SUB（替补）	58	:	90	Z	122	z
27	ESC（溢出）	59	;	91	[	123	{
28	FS（文件分隔符）	60	<	92	\	124		
29	GS（组分隔符）	61	=	93	]	125	}
30	RS（记录分隔符）	62	>	94	^	126	~
31	US（单元分隔符）	63	?	95	_	127	DEL

附录 B

C++运算符的优先级和结合性

C++运算符的优先级和结合性如下表所示。

运算符的优先级和结合性

优先级	运算符	运算对象的数目	结合性
1	() [] . -> :: .* ->* & （引用）		左→右
2	! ~ ++ -- +（正号） -（负号） （类型） new delete sizeof *（间接访问） &（取地址）	单目运算符	右→左
3	* / % （算术运算符）	双目运算符	左→右
4	+ - （算术运算符）	双目运算符	左→右
5	<< >> （位运算符）	双目运算符	左→右
6	< <= > >= （关系运算符）	双目运算符	左→右
7	== != （关系运算符）	双目运算符	左→右
8	& （位运算符：按位与）	双目运算符	左→右
9	^ （位运算符：按位异或）	双目运算符	左→右
10	| （位运算符：按位或）	双目运算符	左→右
11	&& （逻辑运算符：逻辑与）	双目运算符	左→右
12	|| （逻辑运算符：逻辑或）	双目运算符	左→右
13	?: （条件运算符）	三目运算符	右→左
14	= += -= *= /= %= <= >>= &= ^= |= （赋值及复合赋值运算符）	双目运算符	右→左
15	, （逗号运算符）		左→右

说明：

（1）表达式计算时先判断优先级。运算符的优先级共分 15 级，优先级较高的先于优先级较低的进行运算。

（2）若两侧运算符的优先级相同，则按结合性进行运算。

（3）按运算对象的个数，运算符可以分为单目运算符（只需一个操作数）、双目运算符（需两个操作数）、三目运算符（需三个操作数）。条件运算符是唯一的三目运算符。

参 考 文 献

[1] 谭浩强. C++程序设计[M]. 北京：清华大学出版社，2004.

[2] 成颖. C++程序设计语言（第二版）[M]. 南京：东南大学出版社，2008.

[3] 郑莉，董渊. C++语言程序设计（第2版）[M]. 北京：清华大学出版社，2001.

[4] 陈家骏，郑滔. 程序设计教程：用 C++语言编程（第 2 版）[M]. 北京：机械工业出版社，2009.

[5] 秦军. 程序设计基础（C 语言版）[M]. 北京：机械工业出版社，2007.

[6] 李春葆. C 语言习题与解析（第 2 版）[M]. 北京：清华大学出版社，2004.

[7] 郑秋生. C/C++程序设计教程——面向过程分册（第 2 版）. 北京：电子工业出版社，2011.